AF222261

Martin Gardner ist nicht nur der Erfinder pfiffiger mathematischer Rätsel, sondern auch ein Meister magischer Kunststückchen und trickreicher Zaubereien. Von einfachen Kartentricks bis hin zu komplexen Weissagungen – hier kann man sich einiges abschauen und das stets auf Grundlage mathematischer Gesetze. Auf gewohnt unterhaltsame Weise beschreibt Gardner seine Tricks und lüftet so manches Geheimnis. Der Leser bekommt eine Einführung in die Magie – und lernt Mathe.

Martin Gardner (1914–2010) war ein bekannter Spiele-Erfinder und Herausgeber und Verfasser wissenschaftlicher Bücher. Seine ›Relativity for the Million‹ gilt als die brillanteste Erklärung von Einsteins Relativitätstheorie.

Martin Gardner

Das verschwundene
Kaninchen
und andere
mathematische Tricks

Aus dem Englischen von Matthias Schramm

Vorwort von Alexander Adrion

DUMONT

Von Martin Gardner sind gemeinsam mit Sam Loyd im DuMont Buchverlag erschienen:

Mathematische Rätsel und Spiele
Elf Männer in zehn Betten und andere mathematische Rätsel
Vom Küken zum Ei. Noch mehr mathematische Rätsel und Spiele

Februar 2016
DuMont Buchverlag, Köln
Alle Rechte vorbehalten
© 1956 by Dover Publications, Inc., New York
Die englische Originalausgabe erschien 1956 unter dem Titel ›Mathematics, Magic and Mystery‹ bei Dover Publications, New York.
© 1981 für die deutsche Ausgabe: DuMont Buchverlag, Köln
Durchsicht und fachliche Beratung: Alexander Adrion
Umschlaggestaltung: Lübbeke Naumann Thoben, Köln
Umschlagabbildung: © blue_baron/Getty Images
Druck und Verarbeitung: CPI books GmbH, Leck
Gedruckt auf säurefreiem und chlorfrei gebleichtem Papier
Printed in Germany
ISBN 978-3-8321-6351-8

www.dumont-buchverlag.de

Inhalt

Vorwort
zur deutschen Erstveröffentlichung

Dieses Buch erschien in Amerika, noch bevor Martin Gardner durch seine Serie »Mathematische Spiele« in der Zeitschrift »Scientific American« weltweit bekannt wurde. Ich entdeckte es vor mehr als 20 Jahren und war von diesem sehr ungewöhnlichen Zauberbuch begeistert. Damals schon war Martin Gardner unter Zauberern ein geschätzter Autor, Erfinder und äußerst geschickter Interpret jener Sparte der Kunst, die man in der angelsächsischen Welt »after-dinner-magic« nennt: subtile Experimente also, im kleinen Kreis am Tisch vorzuführen, ohne große Vorbereitungen und eben darum faszinierend.

Ein solches Buch kann man nicht wie herkömmliche Literatur lesen. Sein Charme erschließt sich erst, wenn man es als konkrete Stimulanz zum Spielen, Zaubern, Experimentieren nimmt. Legen Sie Würfel, Dominos, Gummiringe, Münzen, ein Stückchen Schnur und Spielkarten bereit. Lassen Sie dann Ihrer Entdeckerlust freien Lauf, stöbern Sie in diesem anregenden Buch herum und eignen Sie sich einige Künste an, die ihrem Geschmack entsprechen, bei denen Sie spüren, daß sie zum Vorführen im kleinen Kreis reizen.

Ein Versuch mit den »Königlichen Paaren« (S. 32) und mit »Belchou's Assen« (S. 45) wird Sie überzeugen, daß ohne jede Fingerakrobatik und mühselige Einstudierung ganz erstaunliche Wirkungen mit einem Kartenspiel zu erzielen sind. Oder nehmen Sie den »Springenden Gummiring« (S. 114f.). Ist es nicht überraschend, wie er sich vom Zeigefinger befreit und nur noch am Mittelfinger hängt, obschon Ihr Zeigefinger festgehalten wird?

Die mathemathische Basis für diese und alle anderen Experimente ist dabei nicht zu erkennen, sie liegt hinter einem verhüllenden Vorhang, vor dem sich lediglich der Effekt mit seinem verblüffenden

Resultat abhebt. Für die Ein-Übung wird noch nicht einmal ein besonderes Verständnis für mathematische Zusammenhänge vorausgesetzt, wenngleich sie sich gelegentlich mühelos offenbaren. Bei Würfel-Experimenten genügt beispielsweise die Kenntnis der Tatsache, daß sich zwei gegenüberliegende Seiten eines Würfels immer auf 7 ergänzen.

Häufig wurde ich auf jenen Puzzle-Typ angesprochen, bei dem durch Umarrangieren verschiedener Teile ein Bildinhalt spurlos verschwindet. Martin Gardner widmet diesen vieldiskutierten Experimenten des »Geometrischen Verschwindens« zwei anschauliche Kapitel mit vielen schönen Beispielen. Überrascht wird man feststellen, daß bei diesen gedankenverwirrenden Experimenten »reine Mathematik« im Spiel ist. Nun endlich kommt man auf die Spur des »Verschwindenden Zwerges«[*] und ähnlicher Paradoxe, die eine rund 100jährige Geschichte haben. Nie war ihnen eine Erklärung beigegeben worden, was den Reiz der Denkbemühung steigerte, aber auch manche Frustration einbrachte.

In den älteren deutschen Zauberbüchern gibt es Kapitel, die sich mit mathematischen Zaubereien befassen. Solche »Kunststücke mit Zahlen« und »Arithmetische Belustigungen« waren also durchaus früher schon bekannt und beliebt. Aber dieser älteren Kategorie von Experimenten haftete eine vertrackte Umständlichkeit an, die sie für ein heutiges Publikum reizlos macht. Martin Gardner hat vom alten Bestand die schönsten Experimente gerettet, sie von aller Verstaubtheit befreit und sie in machbare Künste verwandelt. Vor allem seine nachgerade enzyklopädische Kenntnis gegenwärtiger Fachliteratur – Zauberer-Fachzeitschriften und privat gedruckte Publikationen zu speziellen Themen moderner Zauberkunst, der Öffentlichkeit unerreichbar – macht es ihm möglich, mathematische Zaubereien zu offenbaren, wie sie sonst nirgendwo beisammen sind.

»Time« nannte Martin Gardner einmal den »Hofnarren der Wissenschaft«. Daß er sich in dieser Veröffentlichung als deren Hofzauberer offenbart, wird den Kreis seiner Bewunderer überraschen und das Bild dieses Menschen noch liebenswürdiger machen.

[*] Vgl. Alexander Adrion, Die Kunst zu zaubern, Köln 1978

Ruhm ist dem so Geehrten lästig. Auf Konferenzen, die sich mit seinen Problemstellungen befassen, ist er nie zu sehen. Auch für das Fernsehen ist er unerreichbar. Seine verschiedenen wissenschaftlichen Aktivitäten kommentierte er einmal so: »Irgendwie ist da immer der kleine Junge drin, herumspielend, wie ernsthaft ich mich auch sonst gebärden mag.« Auch das ist ein Schlüssel zum vorliegenden Buch. Zwar hat es etwas mit Mathematik zu tun; sie ist aber spielerisch gewandet und im wahrsten Sinne zauberhaft. Sogar jene, die nur resignierend die Schulmathematik überlebten, werden ihren Spaß haben.

Köln, 1981   Alexander Adrion

Vorwort

Wie häufig bei Grenzbereichen wird auch die mathematische Zauberei oft mit doppelter Geringschätzung betrachtet. Mathematiker halten sie für ein triviales Spiel, Zauberer lehnen sie als langweilig ab. Diejenigen, die sich damit beschäftigen, pflegen – um ein Epigramm über Biophysiker abzuwandeln – befreundete Mathematiker mit Gesprächen über Magie, befreundete Zauberer mit Auslassungen über Mathematik und alle anderen Menschen mit Vorträgen über Politik zu langweilen. Etwas Wahres ist daran. Mathematische Zauberei, wir wollen es offen aussprechen, gehört nicht zu der Art Magie, mit der man ein Publikum, das nichts für Mathematik übrig hat, über längere Zeit fesseln kann. Dafür sind diese Tricks zu lang und zu wenig dramatisch. Darüber hinaus gewinnt man keine umfassenden mathematischen Einsichten, wenn man sich Kunststücke mit mathematischem Charakter ansieht.

Trotzdem hat die Zauberei, die auf mathematischen Prinzipien beruht, ebenso wie z. B. Schach, ihren eigenen Reiz. Schach kombiniert die Schönheit einer mathematischen Struktur mit den erholsamen Freuden eines Wettspiels. Mathematische Zauberei verbindet die Schönheit einer mathematischen Struktur mit dem Unterhaltungswert eines Zauberkunststücks. Deshalb ist es nicht weiter verwunderlich, daß mathematische Magie denen am meisten Freude macht, die sich sowohl für Zauberei wie für mathematische Denkspiele begeistern.

W. W. Rouse Ball (1851–1925), Mathematiker am Trinity College in Cambridge und Autor des bekannten Buchs »Mathematical Recreations and Essays«, war solch ein Mensch. Sein ganzes Leben lang zeigte er aktives Interesse an der Taschenspielerkunst. Er war Gründer und erster Präsident des Pentacle-Clubs, eines Zauberklubs an der Universität von Cambridge, der noch heute besteht. Sein klassisches Nachschlagewerk enthält viele frühe Beispiele der mathematischen Zauberkunst.

Meines Wissens stellen die folgenden Kapitel den ersten Versuch dar, einen Überblick über den gesamten Bereich der modernen, auf mathematischer Basis fußenden Magie zu geben. Der größte Teil des Materials wurde der Zauberliteratur entnommen oder geht auf persönliche Kontakte mit Amateur- und Berufszauberern zurück und stammt weniger aus der Literatur über mathematische Denkspiele. Zauberer, nicht Mathematiker, haben sich in den letzten 50 Jahren um die Erfindung mathematischer Tricks besonders verdient gemacht. Deshalb finden die Anhänger mathematischer Denkspiele, die nichts von moderner Zauberei wissen, hier möglicherweise ein weites neues Feld, von dem sie bisher vielleicht noch nichts geahnt haben.

Das Gebiet befindet sich noch in seinen Anfängen. Schon bald nach Erscheinen dieses Buchs können wieder Dutzende neuer, verblüffender Effekte erfunden sein. Da deren Prinzipien auch ohne Mathematik-Studium schnell verständlich sind, sollten auch Sie, die Leser, das Ihre tun zur schnellen Weiterverbreitung dieses ebenso ungewöhnlichen wie entzückenden Zeitvertreibs.

Ich möchte Professor Jekuthiel Ginsburg, dem Herausgeber von »Scripta Mathematica«, für die Erlaubnis danken, hier Material aus vier Artikeln verwenden zu dürfen, die ich in seinem exzellenten Blatt veröffentlicht hatte. Paul Curry, Stewart James, Mel Stover und N. T. Gridgeman stellten großzügig ihre Zeit und ihre Kenntnisse zur Verfügung, um das Manuskript durchzusehen, Fehler zu korrigieren und Verbesserungsvorschläge zu machen. Die vielen Freunde, die Material beigesteuert und Informationen gegeben haben, sind zu zahlreich, als daß ich sie hier alle erwähnen könnte. Besonderen Dank schulde ich meiner Frau für ihre unerläßliche, offene Kritik und ihre unermüdliche Hilfe in allen Phasen der Entstehung dieses Buches.

New York, N. Y., 1955   Martin Gardner

1 Kartentricks* – Teil 1

Spielkarten besitzen fünf Grundmerkmale, die man sich erfolgreich zunutze machen kann, will man sich auf mathematischen Grundlagen beruhende Kartentricks ausdenken:

1. Man kann sie – wie Kieselsteine, Streichhölzer oder Papierschnipsel – als Zähleinheiten benutzen ohne Berücksichtigung ihrer Bilder.
2. Die Karten haben Zahlenwerte von 1 bis 13 (wenn man Bube, Dame und König die Werte 11, 12 und 13 gibt).
3. Sie sind aufgeteilt in vier Farben (Karo, Herz, Pik, Kreuz) und außerdem in rote und schwarze.
4. Jede Karte hat eine Vorder- und eine Rückseite.
5. Ihre Festigkeit und einheitliche Größe erleichtern ihre Anordnung in verschiedenste Reihen und Mengen; darüber hinaus können Ordnungen durch Mischen leicht zerstört werden.

Wegen dieser Vielfalt günstiger Eigenschaften sind Kartentricks zweifellos so alt wie das Kartenspiel selbst. Obwohl schon im alten Ägypten Karten zum Spielen benutzt wurden, gelang es erst im 14. Jahrhundert, Spielkarten aus festem Leinen herzustellen; im frühen 15. Jahrhundert breitete sich das Kartenspiel dann in ganz Europa aus. Im 17. Jahrhundert wurden Kartentricks schriftlich festgehalten; Bücher, die sich nur mit Kartenkunststücken beschäf-

---

* Zur Vorführung mancher Kartentricks wird ein Spiel mit 52 Karten benötigt. – »Oben« = Karten-Rückseite oben, »unten« = Bildseite unten; »offen« = der Zuschauer sieht die Bildseite, »verdeckt« = der Zuschauer sieht nur die Rückseite der Karte.

tigen, erschienen erstmals im 19. Jahrhundert. Meines Wissens gibt es bisher kein Buch, das sich ausschließlich den Kartentricks widmet, die auf mathematischen Grundlagen beruhen. Mit Claude Gaspard Bachet setzte sich zum erstenmal ein Mathematiker mit Kartenzaubereien auseinander. Sein unterhaltsames Buch »Problèmes plaisans et délectables« erschien 1612 in Frankreich. Seitdem enthalten viele Bücher, die sich mit mathematischen Denkspielen beschäftigen, Hinweise auf Kartentricks.

Peirce's Kuriositäten

Als erster und vielleicht einziger Philosoph von Bedeutung hat sich der amerikanische Logiker und Vater des Pragmatismus, Charles Peirce, mit einer so gewöhnlichen Angelegenheit wie der Zauberei mit Karten beschäftigt. In einer seiner Arbeiten (vgl. »The Collected Papers of Charles Sanders Peirce«, 1931, Band 4, S. 473 f.) bekennt er, daß er sich 1860 eine Anzahl ungewöhnlicher Kartenkunststücke ausgedacht hatte, die auf, wie er es nannte, »zyklischer Arithmetik« beruhen. Zwei dieser Tricks beschreibt er ausführlich unter den Überschriften »Erste Kuriosität« und »Zweite Kuriosität«. Einem modernen Zauberer erscheinen sie in einem von Peirce nicht beabsichtigten Sinn kurios.

Die erste Kuriosität beruht auf einem Fermatschen Satz. Peirce benötigt 13 Seiten für die bloße Beschreibung, wie der Trick auszuführen ist, und weitere 52 Seiten, um zu erklären, warum er funktioniert. Zwar schreibt er, daß bei der Vorführung dieser Kunststücke die Zuschauer immer interessiert und überrascht gewesen seien, doch fällt es schwer zu glauben, daß Peirce's Publikum nicht schon vor Beendigung des Tricks halb eingeschlafen war, da der Effekt äußerst schwach im Verhältnis zum Aufwand ist.

Um die Jahrhundertwende erfuhren Kartenkunststücke einen unerhörten Aufschwung. Meistens wurden Tricks ersonnen, die auf der heimlichen Manipulation der Karten beruhten. Doch tauchten auch Hunderte neuer Kunststücke auf, die ganz oder teilweise mathematische Grundlagen hatten. Seit 1900 ist dieser Bereich der Magie stetig größer geworden. Heute gibt es unzählige mathematische Tricks, die nicht nur genial erdacht, sondern auch in hohem Maße unterhaltsam sind.

Ein Beispiel soll zeigen, wie ein alter Trick so umgewandelt wurde, daß sein Unterhaltungswert enorm stieg. W. W. Rouse Ball beschreibt in seinen »Mathematical Recreations« (1892) folgenden Effekt:

16 Karten werden offen in vier Reihen mit je vier Karten auf den Tisch gelegt. Jemand wird gebeten, sich eine Karte zu merken und dem Zauberer nur zu sagen, in welcher *vertikalen* Reihe die Karte liegt.

Nun werden die Karten in ihrer *vertikalen* Reihenfolge zusammengelegt und in die linke Hand genommen. Wieder werden sie in vier Reihen zu je vier Karten auf den Tisch gelegt, und zwar nebeneinander, in *horizontaler* Reihung, so daß die vorher vertikalen Spalten nun horizontale Zeilen bilden. Der Zauberer muß sich merken, in welcher Zeile die gewählte Karte liegt.

Wieder wird der Zuschauer gebeten anzugeben, in welcher *vertikalen* Reihe sich die ausgewählte Karte befindet. Danach kann der Künstler die Karte sofort benennen, da sie den Schnittpunkt dieser Spalte mit der horizontalen Zeile bildet, die er sich vorher gemerkt hatte. Der Trick ist natürlich nur dann ein Erfolg, wenn das Publikum nicht in der Lage ist, das Verfahren zu durchschauen. Leider sind nur wenige Zuschauer so naiv.

Fünffacher Poker

Dem folgenden modernen Kartentrick liegt dasselbe Prinzip zugrunde:

Der Zauberer setzt sich mit vier Zuschauern an einen Tisch und teilt für jeden fünf Karten aus. Jede Person wird gebeten, ihre Karten aufzunehmen und sich von den fünf Karten eine zu merken. Die Karten werden zusammengelegt und dann erneut gleichmäßig ausgeteilt, so daß jedes Päckchen wieder fünf Karten enthält. Der Zauberer nimmt ein Päckchen auf und fächert es so, daß die Bilder seinen Mitspielern zugewandt sind. Er fragt, ob jemand die von ihm gewählte Karte sieht. Wenn ja, so zieht der Zauberer (ohne auf die Bildseiten der Karten zu schauen) sofort die gewählte Karte aus dem Fächer. Dies wird mit jedem Stapel wiederholt, bis alle ausgesuchten Karten gefunden sind. In einzelnen Stapeln brauchen überhaupt keine gewählten Karten zu sein, während sich in anderen zwei oder mehr befinden können. In allen Fällen findet jedoch der Künstler die Karten sofort.

Das *Prinzip* ist einfach: Die Karten werden mit der Bildseite nach unten zusammengelegt, beginnend mit dem Päckchen des links vom Magier sitzenden Zuschauers. Des Zauberers eigene Karten liegen also oben auf den vier anderen Stapeln. Die Karten werden dann wieder ausgeteilt, und zwar einzeln, nacheinander von links nach rechts, so daß schließlich fünf Päckchen zu je fünf Karten vor dem Zauberer liegen. Jedes Päckchen wird nun aufgenommen und aufgefächert. Sieht jetzt beispielsweise der *zweite* Zuschauer seine gedachte Karte, so befindet sie sich an der *zweiten* Position von rechts in dem Kartenfächer, den der Zauberer von der Rückseite sieht. Sieht der *vierte* Zuschauer seine Karte, so befindet sie sich entsprechend an der *vierten* Position, von rechts gezählt, im Fächer. Mit anderen Worten: Die Lage der gewählten Karten im jeweiligen Blatt entspricht der Nummer des Zuschauers, wenn man sie im Uhrzeigersinn, beginnend links vom Zauberer, abzählt. Dasselbe gilt für alle fünf Stapel.

Bei genauerem Hinsehen erkennt man, daß dieser Version exakt dasselbe Prinzip der Mengenunterteilung zugrunde liegt wie der älteren Form. Aber das neuere Verfahren eignet sich besser dazu, das Prinzip zu vertuschen, und führt daher zu einer beträchtlichen Steigerung der dramatischen Wirkung. Das Verfahren ist so einfach, daß man es sogar mit verbundenen Augen durchführen kann. In dieser Form eignet sich der Trick vorzüglich zur Kammerzauberei.

Auf den folgenden Seiten werden wir typische Beispiele moderner mathematischer Kartentricks vorstellen. Das Gebiet ist viel zu groß, als daß ein umfassender Überblick möglich wäre. Deshalb habe ich etwas ausgefallenere und unterhaltsame Kunststücke ausgewählt, die aber doch die große Vielfalt der verwendeten mathematischen

Prinzipien verdeutlichen. Obwohl die meisten davon den Karten-Künstlern durchaus bekannt sind, fanden nur sehr wenige Eingang in die Literatur.

Tricks, bei denen Karten als Zähleinheiten fungieren

Unter dieser Überschrift werden wir nur Kunststücke erläutern, bei denen Karten ausschließlich als Einheiten benutzt werden. Alle kleinen Gegenstände wie Münzen, Kieselsteine oder Streichhölzer würden den gleichen Zweck erfüllen. Aber wegen ihrer Form und Handlichkeit kann man mit Karten besser umgehen und sie leichter zählen als die meisten anderen Gegenstände.

Der Piano-Trick

Der Zauberer bittet jemanden, seine Hände flach auf den Tisch zu legen. Zwischen je zwei nebeneinanderliegende Finger (einschließlich der Daumen) schiebt er ein Karten-Paar, nur zwischen den vierten und den fünften Finger der linken Hand steckt er eine *einzelne* Karte.

Der Magier nimmt das erste Paar links, trennt die Karten und legt sie nebeneinander auf den Tisch. Mit dem nächsten Paar wird genauso verfahren. Die Karten werden auf die beiden anderen gelegt. Alle Paare werden auf diese Weise getrennt, so daß sich zwei Kartenstapel auf dem Tisch bilden. Übrig bleibt die einzelne Karte. Der Zauberer nimmt sie hoch und fragt: »Auf welchen Stapel soll ich diese *einzelne* Karte legen?« Wird beispielsweise der linke Haufen genannt, so wird die Karte auf diesen gelegt.

Der Zauberer kündigt nun an, er werde die Karte veranlassen, auf geheimnisvolle Weise vom linken auf den rechten Stapel zu wandern. Er nimmt den linken Packen und teilt die Karten in Paare auf. Keine Karte bleibt übrig. Mit dem rechten Stapel wird ebenso verfahren, die Karten werden paarweise aufgeteilt, und übrig bleibt eine einzelne Karte.

Methode: Man macht es sich zunutze, daß es sieben Karten-Paare gibt. Werden diese Paare getrennt, besteht jedes Päckchen aus sieben Karten, einer *ungeraden* Zahl. Fügt man die einzelne Karte hinzu, ergibt sich für diesen Stapel eine *gerade* Anzahl. Werden dann die Karten wieder paarweise aufgeteilt, ohne daß laut mitgezählt wird, merkt keiner, daß ein Stapel ein Paar Karten mehr enthält als der andere.

Dieser Trick ist mindestens 50 Jahre alt. Er ist als Piano-Trick bekannt, da der Zuschauer seine Hände so legt, als spiele er Klavier.

Das berechnete Abheben

Der Künstler bittet jemanden, eine kleine Anzahl Karten von dem Stapel abzuheben. Dann hebt er für sich eine größere Menge ab. Der Zauberer zählt seine Karten. Wir wollen annehmen, er hat 20. Jetzt verkündet er: »Ich habe ebenso viele Karten wie Sie, plus vier, und es bleiben noch so viele übrig, um auf 16 zu kommen.« Der Zuschauer zählt seine Karten. Er hat beispielsweise elf. Der Zauberer zählt elf seiner Karten auf den Tisch und legt dann, wie angekündigt, vier zur Seite. Dann fährt er fort zu zählen 12, 13, 14, 15, 16. Die 16. Karte ist die letzte, wie er vorausgesagt hat.

Der Trick wird immer wieder vorgeführt, und jedesmal ändert der Magier in seiner Vorhersage die Anzahl der Karten, die beiseite gelegt werden – mal drei, mal fünf usw. Es scheint für den Zauberer unmöglich zu sein, seine Vorhersage zu treffen, ohne die Anzahl der Karten zu kennen, die der Zuschauer abgehoben hat.

Methode: Es ist gar nicht notwendig, daß der Künstler weiß, wie viele Karten der Zuschauer hält. Er muß nur sicher sein, mehr Karten abgehoben zu haben als sein Gegenspieler. Er zählt seine Karten, im vorgegebenen Beispiel sind es 20. Dann nimmt er eine beliebige kleine Zahl, zum Beispiel 4, subtrahiert sie von 20 und erhält 16. Jetzt kann er feststellen: »Ich habe ebenso viele Karten wie

Sie, plus vier, und mir bleiben noch so viele übrig, um auf 16 zu kommen.« Die Karten werden wie angegeben gezählt, und die Feststellung erweist sich als richtig.

Die Zählweise scheint die Karten des Zuschauers einzubeziehen, obwohl der Künstler in Wahrheit nur seine eigenen zählt, mit Ausnahme der vier, die er zur Seite legt. Ändert man jeweils die Anzahl der Karten, die zur Seite gelegt werden, so vertieft sich beim Zuschauer der Eindruck, daß die Formel auf irgendeine geheimnisvolle Weise von der Anzahl der Karten abhängt, die er selbst in der Hand hat.

Tricks, bei denen die Zahlenwerte benutzt werden

Findley's Vier-Karten-Trick

Ein Kartenspiel wird vom Publikum gemischt. Der Magier steckt es in seine Tasche und bittet einen Zuschauer, ihm irgendeine Karte zu nennen, die ihm gerade in den Sinn kommt. »Pik Dame«, wird ihm zugerufen. Er greift in die Tasche und holt eine Pik-Karte heraus. Dies, so erklärt er, ist das Kartenzeichen der gewählten Karte. Dann holt er eine 4 und eine 8 heraus, zusammen ergibt das 12, den Zahlenwert der Königin.

Methode: Bevor der Trick vorgeführt wird, nimmt der Zauberer Kreuz As, Herz 2, Pik 4 und Karo 8 aus dem Päckchen. Diese vier Karten steckt er in die Tasche und merkt sich ihre Reihenfolge. Das gemischte Kartenspiel wird später unter diese vier Karten geschoben, so daß diese obenauf liegen. Das Publikum weiß natürlich nichts von den vier Karten in der Tasche des Zauberers, wenn es das Spiel mischt. Da die vier Karten aus einer Verdopplungsreihe stammen, bei der jeder Wert doppelt so hoch wie der vorherige ist, läßt sich durch ihre Kombination jede Summe zwischen 1 und 15 erzielen. Darüber hinaus ist jedes Kartenzeichen durch eine Karte repräsentiert.

Die Karte mit dem richtigen Kartenzeichen wird zuerst aus der Tasche gezogen. Ist dieser Kartenwert auch in der Kombination enthalten, die benötigt wird, um die gewünschte Augenzahl zu erzielen, so werden die zusätzliche Karte oder Karten gezogen und alle Werte addiert. Im anderen Fall wird diese erste Karte beiseite gelegt und die Karte oder Karten hervorgeholt, die in der Addition ihrer Werte die gewünschte Zahl ergeben. Wie wir sehen werden, wird das diesem Trick zugrunde liegende Verdoppelungsprinzip in vielen anderen mathematischen Zauberkunststücken benutzt.

Gelegentlich wird auch eine der vier Karten genannt. In diesem Fall zieht der Zauberer die Karte selbst aus der Tasche – ein Wunder! Der Trick wurde von dem Zauberer Arthur Findley, New York, entwickelt.

Eine erstaunliche Vorhersage

Ein Zuschauer mischt die Karten und legt sie auf den Tisch. Der Zauberer schreibt den Namen einer Karte auf ein Stück Papier und legt es umgedreht zur Seite, ohne jemandem zu zeigen, was er geschrieben hat.

Jetzt werden zwölf Karten mit der Bildseite nach unten auf den Tisch gelegt. Ein Zuschauer wird gebeten, auf vier Karten zu zeigen. Die bezeichneten Karten werden aufgedeckt. Die übrigen werden zusammengelegt und *unter* den Kartenstapel geschoben.

Angenommen, die vier aufgedeckten Karten sind 3, 6, 10 und König. Der Magier kündigt an, er werde auf jede der vier Karten so viele weitere legen, daß sich eine Gesamtzahl von zehn ergibt. So verteilt er beispielsweise sieben Karten auf die 3, wobei er »4, 5, 6, 7, 8, 9, 10« zählt. Vier Karten werden auf die 6 gelegt. Auf die 10 legt er keine Karte. Jede Bilderkarte zählt 10, daher wird auf den König auch keine weitere Karte gelegt.

Nun werden die Werte der vier Karten addiert: $3 + 6 + 10 + 10$ gleich 29. Der Künstler nimmt den Kartenstapel in die Hand und bittet, bis zur 29. Karte zu zählen. Diese Karte wird umgedreht. Jetzt wird der Zettel mit der Vorhersage des Zauberers umgedreht. Darauf steht natürlich der Name der gezogenen Karte.

Methode: Nachdem das Kartenspiel gemischt ist, sieht sich der Zauberer heimlich die unterste Karte an. Ihren Wert notiert er als seine Vorhersage. Der Rest geschieht automatisch. Die acht Karten werden zusammengelegt und unter den Stapel geschoben. Dann befindet sich die notierte Karte an 40. Stelle. Werden jetzt die Karten wie angegeben verteilt und die vier aufgedeckten Karten addiert, so wird das Abzählen unweigerlich bei dieser Karte enden. Das Mischen am Anfang macht diesen Trick besonders verblüffend.

Es ist interessant festzustellen, daß man bei diesem Kunststück, ebenso wie in vielen anderen, die auf demselben Prinzip beruhen, dem Zuschauer erlauben kann, Buben, Damen und Königen jeden beliebigen Wert von 1 bis 10 zu geben. So kann er z.B. den Buben den Wert 3, den Damen die 7 und den Königen die 4 zuordnen. Das hat auf den Ablauf des Tricks keinen Einfluß, macht ihn aber noch mysteriöser. Wichtig ist, daß das Spiel *52 Karten* hat, es spielt überhaupt keine Rolle, was das für Karten sind. Wären es alles Zweien, würde der Trick ebenso funktionieren. Ein Zuschauer kann also jeder Karte jeden beliebigen Wert zuordnen, ohne das Gelingen des Tricks zu beeinflussen.

Noch geheimnisvoller wird die Sache, wenn man zwei Karten aus dem Spiel nimmt, bevor man das Kunststück vorführt. In diesem Fall werden zehn statt zwölf Karten auf dem Tisch verteilt. Nach Vorführung des Tricks werden beide Karten wieder heimlich zurückgelegt. Will jetzt ein Zuschauer den Trick wiederholen, gelingt er nicht.

Henry Christ's verbesserte Version

Vor einigen Jahren hat Henry Christ, ein New Yorker Amateurzauberer, eine sensationelle Verbesserung dieses Tricks vorgeführt. Wie in der ursprünglichen Fassung endet das Abzählen bei der neunten Karte von unten. Aber statt diese Karte vorherzusagen, darf ein Zuschauer eine Karte auswählen, die dann auf folgende Weise in die gewünschte Position gebracht wird: Nachdem das Blatt gemischt ist, teilt der Zauberer neun Karten aus, die er verdeckt in einem Päckchen auf den Tisch legt. Ein Zuschauer sucht sich eine dieser

Karten aus, merkt sie sich und legt sie dann oben auf den Stapel. Auf diesen wird das restliche Spiel gelegt, so daß sich die gewählte Karte jetzt an neunter Stelle von unten befindet.

Der Zauberer nimmt das Kartenspiel und zählt von der Rückseite eine Karte nach der anderen *bildoben* auf einen Stapel. Dabei zählt er gleichzeitig laut *rückwärts* von 10 bis 1. Sobald er eine Karte hinlegt, die den Wert der Zahl hat, die er gerade nennt (z. B. eine 4, wenn er gerade 4 zählt), so hört er an dieser Stelle auf und beginnt daneben erneut einen weiteren Stapel abzuzählen. Treffen beim Zählen von 10 zurück nach 1 nicht zusammengehörende Karte und Zahl aufeinander, so wird dieser Kartenstapel »getötet«, indem eine weitere Karte vom Spiel genommen und – Rückseite nach oben – auf den Stapel gelegt wird. Übrigens beläßt man auch in diesem Experiment den Bildkarten Bube, Dame, König jeweils den Wert 10.

Auf diese Weise werden *vier* Päckchen gebildet. Nun werden die Karten, die offen auf dem nicht »getöteten« Haufen liegen, addiert. Zählt jetzt ein Zuschauer die Karten im Reststapel bis zu dieser Zahl ab, so erhält er seine gewählte Karte. Dieses Vorgehen ist viel effektvoller als das der älteren Fassung, da die Auswahl der Karten, die addiert werden müssen, ganz zufällig zu sein scheint, und das zugrunde liegende Prinzip ist noch schwerer zu durchschauen.

Dieses Kunststück wurde erstmals von John Scarne als Trick Nr. 30 in seinem Buch »Scarne on Card Tricks« (1950) beschrieben. (Die leicht geänderte Version des Chicagoer Zauberers Bert Allerton findet man dort als Trick Nr. 63.)

Die zyklische Zahl

Viele Zahleneigentümlichkeiten können wirkungsvoll als Kartentricks dargestellt werden, z. B. der folgende Effekt, der 1942 von dem Zauberkünstler Lloyd Jones aus Oakland/Kalifornien veröffentlicht wurde. Er beruht auf der »zyklischen Zahl« 142857. Wird diese mit einer beliebigen Zahl zwischen 2 und 6 multipliziert, so enthält das Ergebnis dieselben Ziffern in derselben zyklischen Anordnung.

Der Trick ist folgender: Einem Zuschauer werden fünf rote Karten mit den Werten 2, 3, 4, 5 und 6 gereicht. Der Zauberer hält sechs schwarze Karten so in der Hand, daß ihre Zahlenwerte, aneinandergereiht, als Ziffern einer Zahl betrachtet, gerade 142857 ergeben. Magier und Zuschauer mischen ihre Karten. In Wirklichkeit täuscht der Magier ein Mischen nur vor und behält die Karten in ihrer ursprünglichen Reihenfolge. (Das läßt sich leicht machen, wenn man zweimal mit dem linken Daumen eine Karte nach der anderen vom Packen in der rechten Hand herunterzieht. Geschieht dies schnell, so erweckt man den Eindruck des Mischens, obwohl man nur zweimal die Reihenfolge der Karten umkehrt, sie insgesamt also in der alten Reihenfolge beläßt.)

Der Zauberer legt seine Karten offen in einer Reihe auf den Tisch, sie bilden die Zahl 142857. Der Zuschauer zieht jetzt eine beliebige Karte aus seinen fünfen heraus und legt sie offen neben die Reihe. Mit Bleistift und Papier multipliziert er dann die große Zahl mit dem Wert seiner Karte. Während dessen legt der Künstler seine sechs schwarzen Karten zusammen, hebt einmal ab und läßt sie verdeckt auf dem Tisch liegen. Nachdem das Ergebnis der Multiplikation bekannt gemacht worden ist, nimmt der Magier noch einmal den Packen schwarzer Karten auf und legt sie offen in einer Reihe auf den Tisch. Sie bilden eine sechsstellige Zahl, genau das Rechenergebnis des Zuschauers.

Methode: Die Karten werden in ihrer ursprünglichen Reihenfolge aufgenommen. Für den Zauberer ist es nun einfach, die Stelle zu bestimmen, an der sie abgehoben werden müssen. Multipliziert beispielsweise der Zuschauer die Zahl mit 6, so muß das Resultat auf 2 enden, da 6 mal 7 (die letzte Ziffer der zyklischen Zahl) 42 ergibt. Deshalb hebt er die Karten so ab, daß die 2 nach unten kommt. Werden die Karten dann später in eine Reihe gelegt, so wird die 2 als letzte Karte ausgeteilt, und als Zahl ergibt sich das Resultat des Zuschauers. (In »Annemann's Practical Mental Effects«, 1944, S. 106, findet man Dr. E. G. Ervin's frühere Version, in der die zyklische Zahl aufgeschrieben und der Multiplikator durch Würfeln ermittelt wird.)

Nebenbei gesagt ergibt sich die zyklische Zahl 142857 als Kehrwert der Primzahl 7: Man erhält die Ziffern, wenn man 1 durch 7 teilt. Dann erscheint die Ziffernfolge 142857 als sich unendlich oft wiederholende Dezimalstelle. Größere zyklische Zahlen erhält man auf ähnliche Art, indem man 1 durch bestimmte größere Primzahlen teilt.

Die fehlende Karte

Während sich der Magier umdreht, nimmt jemand eine Karte aus einem Kartenspiel, steckt sie in die Tasche und mischt dann die restlichen. Jetzt dreht sich der Zauberer um, nimmt den Stapel und legt die Karten, eine nach der anderen, offen auf einen Stapel. Danach nennt er sofort, ohne zu zögern, den Namen der fehlenden Karte.

Methode: Den Wert der fehlenden Karte erhält man leicht, wenn man fortlaufend die Werte der Karten addiert. Dabei zählen Buben 11 und Damen 12. Könige zählen 0 und werden nicht beachtet. Ohne die Könige haben alle Karten des Spiels zusammen einen Wert von 312. Subtrahiert man daher den Wert der 51 Karten von 312, so erhält man den Wert der fehlenden. Ist die Summe der 51 Karten 312, so fehlt ein König.

Um den Vorgang des Addierens zu beschleunigen, addiert man 11 als 10 plus 1, 12 als 10 plus 2. Zusätzlich kann man »modulo 20« rechnen, das heißt, man läßt, sobald die Summe 20 überschreitet, 20 weg und merkt sich nur den Rest. Liegt die letzte Karte offen, so muß man eine Zahl zwischen 0 und 12 im Kopf haben. Zieht man diese von 12 ab, so erhält man den Wert der fehlenden Karte. Endet die Addition bei 12, so ist die fehlende Karte ein König. (Modulo 20 zu rechnen ist für mich der leichteste Weg, viele Zauberer ziehen es jedoch vor, »modulo 13« zu rechnen: Addiert man beispielsweise 8 und 7, so zieht man vom Ergebnis 13 ab und merkt sich nur 2. Statt für einen Buben 11 zu addieren und dann 13 zu subtrahieren, addiert man einfach nichts und zieht nur 2 ab. Für eine Königin wird 1 subtrahiert. Könige werden natürlich übergangen. Zum Schluß zieht man das Ergebnis von 13 ab und findet die fehlende Karte.)

Hat man erst einmal den Wert der fehlenden Karte ermittelt, so kann man natürlich den Vorgang wiederholen, um auch ihre Farbe,

d. h. ihr Kartenzeichen, herauszubekommen. Das macht den Trick jedoch zu durchsichtig. Wie kann man aber in einem Durchgang sowohl Farbe wie Wert bestimmen?

Eine Methode – allerdings eine schwierige, wenn man nicht sehr geschickt im Kopfrechnen ist – besteht darin, daß man sich eine zweite Zahl für die Farben merkt. Pik gibt man den Wert 1, Kreuz 2, Herz 3. Karo bekommt den Wert 0 und kann daher übergangen werden. Bei der Addition rechnet man »modulo 10«, so daß man am Schluß eine Zahl zwischen 5 und 8 einschließlich im Kopf hat. Subtrahiert man diese Zahl von 8, so erhält man die Farbe der fehlenden Karte.

Jordan's Methode

Ein anderer Weg, sich die Summierung zur Bestimmung von Farbe und Wert zu merken, wurde von dem amerikanischen Zauberer Charles T. Jordan vorgeschlagen: Man legt eine Reihenfolge der Farben fest, z. B. Pik, Herz, Kreuz und Karo. Bevor man die erste Karte austeilt, merkt man sich 0-0-0-0. Ist die erste Karte eine Herz 7, so sagt man sich immer wieder 0-7-0-0. Kommt dann eine Karo 5, so sagt man sich 0-7-0-5 vor. Mit anderen Worten: Man merkt sich eine laufende Summe für alle vier Farben. Ist nur eine Karte weggenommen, so müssen die Könige in die vier laufenden Summen mit einbezogen werden. Die Endsumme für jede Farbe sollte 91 sein, da aber eine Karte weggenommen ist, ist die Gesamtsumme dieser Farbe kleiner. Beendet man daher die Addition beispielsweise mit 91-91-90-91, so weiß man, daß Kreuz As die fehlende Karte ist. Wie gehabt kann man die Rechengeschwindigkeit dadurch erhöhen, daß man »modulo 20« rechnet. In diesem Fall muß die Endzahl von 11 subtrahiert werden, um die fehlende Karte zu ermitteln. Ist die Endsumme größer als 11, so muß sie von 31 abgezogen werden (vielleicht ist es aber auch einfacher, sich zu merken, daß die Endsummen 20, 19 und 18 für Bube, Dame und König stehen).

Der Vorteil von Jordan's Zählweise besteht darin, daß man auch bei der Entnahme von vier Karten (von jeder Farbe eine) diese vier Karten leicht angeben kann. Bei dieser Version können die Könige bei der Zählung weggelassen werden, da man ja weiß, daß von jeder Farbe eine Karte fehlen muß. Die Endsumme für jede Farbe (ohne Könige) muß 78 sein, also 18, wenn man »modulo 20« rechnet. Ein Endergebnis von 7-16-13-18 bedeutet also, daß die fehlenden Karten Pik Bube, Herz 2, Kreuz 5 und Karo König sind.

Es ist nicht leicht, zwei oder vier laufende Summen im Gedächtnis zu behalten. Um diese Schwierigkeit zu umgehen, habe ich eine einfache Methode vorgeschlagen, nämlich die Füße als »Zählmaschine« zu benutzen. Sitzt man beim Kartengeben am Tisch, so sind die Füße meist den Blicken entzogen, und es ist wenig wahrscheinlich, daß die notwendigen leichten Bewegungen beachtet werden.

Bei Beginn des Austeilens stehen beide Füße flach auf dem Boden. Mit jeder Karte, die ausgegeben wird, hebt oder senkt man die Fußspitzen nach folgendem System: Ist es Pik, so heben bzw. senken Sie die linke Fußspitze; d. h. heben Sie sie für die erste, senken Sie sie für die zweite, heben Sie sie wieder für die dritte Pik-Karte, usw. – Handelt es sich um ein Herz, so heben bzw. senken Sie die rechte Fußspitze. – Ist es eine Kreuz-Karte, so ändern Sie die Lage beider Fußspitzen gleichzeitig. – Ist es ein Karo, so kümmern Sie sich nicht darum (so weit es die Füße betrifft).

Ist die letzte Karte verteilt, so bestimmt man die Farbe der fehlenden Karte folgendermaßen: Steht der linke Fuß flach auf dem Boden, ist die Karte rot, ist die Fußspitze hoch, so ist sie schwarz. – Steht der rechte Fuß flach auf dem Boden, ist die Karte entweder Pik oder Karo, ist er oben, so handelt es sich um Kreuz oder Herz. – Mit dieser Information ist die Farbe sofort bekannt: Stehen beide Füße flach auf dem Boden, ist Karo die Farbe der fehlenden Karte, sind beide Spitzen in der Luft, ist es Kreuz. Ist nur die linke Spitze oben, handelt es sich um Pik, ist nur die rechte Spitze oben, so ist es Herz.

Im November-Heft des Jahres 1948 von »Hugard's Magic Monthly« schlug ich den Gebrauch der Finger als Zählhilfen zur Bestimmung des Kartenwertes vor. In diesem Fall müssen die Karten langsam von einem Zuschauer ausgeteilt werden, während die eigenen Hände auf den Oberschenkeln ruhen. Die Finger bedeuten von links nach rechts die Zahlen 1 bis 10. Bei jeder Karte, die hingelegt wird, hebt man den entsprechenden Finger. Buben werden berücksichtigt, indem man die linke Hand auf dem Oberschenkel vorschiebt in Richtung auf das Knie oder zurücknimmt. Bei Damen geschieht dasselbe mit der rechten Hand. Könige werden nicht berücksichtigt. Die Farben verfolgt man mit der beschriebenen Fuß-Methode. Mit dem Finger-Verfahren ist es möglich, den Wert verschiedener Karten, die aus dem Stapel genommen werden, zu erraten, vorausgesetzt, die herausgenommenen Karten haben unterschiedliche Werte. Man braucht nur darauf zu achten, welche Finger gehoben und/oder welche Hand sich vorne am Knie nach dem Austeilen befindet. Man muß natürlich wissen, wie viele Karten weggenommen worden sind, denn die einzige Möglichkeit, einen König zu bestimmen, besteht darin, daß man registriert, ob eine Karte nicht mitgezählt worden ist. Unter Benutzung der Finger-Zählmethode können auch andere Tricks vorgeführt werden, wie ich in dem oben zitierten Artikel vorgeschlagen habe.

Tricks, die auf der Unterteilung der Karten in rote und schwarze sowie in ihre Zeichen beruhen

Stewart James' Farben-Vorhersage

Der Zauberer schreibt seine Vorhersage auf ein Stück Papier und legt es beiseite. Ein Zuschauer wird gebeten, das Spiel zu mischen, die Karten paarweise aufzunehmen und offen auf den Tisch zu legen. Sind beide Karten schwarz, so soll er sie rechts auf einen Stapel legen, sind beide rot, so müssen sie links gestapelt werden. Die Paare mit einer roten und einer schwarzen Karte werden beiseite gelegt. Dies geschieht so lange, bis das gesamte Spiel ausgeteilt ist. Der Zauberer weist darauf hin, daß die Anzahl der Karten im roten und im schwarzen Stapel nur vom Zufall bestimmt ist.

Sind alle Karten verteilt, werden der rote und der schwarze Stapel ausgezählt. Dann wird die Vorhersage vorgelesen. Sie lautet: »Es werden vier rote Karten mehr sein als schwarze.« Das stimmt!

Die Karten werden zusammengelegt, gemischt, und der Trick wird wiederholt. Diesmal lautet die Vorhersage: »Es werden zwei schwarze Karten mehr da sein als rote.« Auch das erweist sich als richtig.

Bei der dritten und letzten Wiederholung enthält der rote Stapel genauso viele Karten wie der schwarze, was natürlich auch mit der Vorhersage übereinstimmt.

Methode: Bevor das Kunststück beginnt, entfernt der Zauberer heimlich vier schwarze Karten aus dem Kartenspiel. Sitzt er an einem Tisch, so kann er die Karten in seinen Schoß legen.

Sind die Karten beim erstenmal vollständig paarweise ausgeteilt, so befinden sich immer vier Karten mehr im roten Stapel als im schwarzen. Das liegt natürlich daran, daß die abgelegten Paare zur einen Hälfte rot und zur anderen schwarz sind. Deshalb werden gleich viele rote wie schwarze Karten nicht mitgezählt. Da vier schwarze Karten aus dem Spiel entfernt wurden, muß der rote Haufen notwendigerweise vier Karten mehr haben als der schwarze.

Während sich die ganze Aufmerksamkeit auf den Zählvorgang richtet, nimmt der Zauberkünstler beiläufig die abgelegten Karten des rot-schwarz-gemischten Stapels auf und hält sie auf dem Schoß. Dabei legt er heimlich die vier Karten, die er dort versteckt hatte, ins Spiel zurück und nimmt zwei rote heraus. Werden später alle Karten zusammengelegt und gemischt, fehlen dem Spiel zwei rote Karten, womit es für die zweite Vorhersage vorbereitet ist.

Auf dieselbe Weise wird das Blatt für die dritte Vorführung präpariert. Diesmal werden nur die beiden roten Karten zurückgelegt. Nun ist das Spiel mit seinen 52 Karten vollständig. Deshalb sind der rote und der schwarze Stapel gleich. Sollte jetzt, nachdem der Trick vorbei ist, jemand die Karten nachzählen wollen, so sind sie vollzählig.

Stewart James, ein Zauberer aus Courtright/Ontario (Kanada), veröffentlichte diesen schönen Effekt im September 1936 in »The Jinx«.

Königliche Paare

Der Zauberer entfernt aus dem Spiel Könige und Damen und stapelt sie getrennt. Die Stapel werden umgedreht, so daß die Bildseiten nach unten zeigen, und dann aufeinandergelegt. Ein Zuschauer hebt diese acht Karten, so oft er möchte, ab. Der Zauberer nimmt das Päckchen und hält es hinter seinen Rücken. Sofort holt er zwei Karten wieder vor und wirft sie offen auf den Tisch. Es sind König und Dame desselben Kartenzeichens. Dies wiederholt er mit den anderen drei Paaren.

Methode: Werden die beiden Stapel gebildet, so sorgt der Zauberer dafür, daß die Kartenzeichenfolge in beiden übereinstimmt. Durch das Abheben wird diese nicht geändert. Hinter seinem Rücken teilt er einfach das Päckchen in zwei Hälften und erhält die Paare, indem er die obersten Karten jedes Stapels hervorzieht. Diese beiden Karten sind immer König und Dame desselben Kartenzeichens.

Tricks, bei denen Bild- und Rückseite von Bedeutung sind

Die passenden Farben

Das Spiel wird in Hälften geteilt, wovon die eine mit den Bildseiten nach oben gedreht wird. Diese wird in die andere, deren Karten verdeckt bleiben, hineingemischt. Jetzt besteht das Kartenpäckchen aus offenen und verdeckten Karten, das von einem Zuschauer noch einmal gründlich gemischt wird.

Der Zauberer streckt seine rechte Hand vor und bittet den Zuschauer, ihm 26 Karten auf die Handfläche zu zählen. Danach behauptet der Künstler, daß die Zahl der offenen Karten in seiner Hand gleich der Anzahl offener Karten ist, die der Zuschauer behalten hat. Die Behauptung erweist sich als richtig. Obwohl die Wahrscheinlichkeit groß ist, daß die Anzahl offener Karten in jeder

Hälfte *ungefähr* die gleiche ist, erscheint es hingegen äußerst unwahrscheinlich, daß sie *exakt* übereinstimmt. Doch der Trick kann beliebig oft wiederholt werden: Immer ist die Anzahl offener Karten in beiden Päckchen gleich.

Methode: Vor Beginn des Kunststücks merkt sich der Zauberer heimlich die 26. Karte im Spiel. Dadurch kann er den Stapel *genau* in der Mitte teilen. Er braucht dazu nur die Karten so aufzufächern, daß er die Bildseiten sieht, und sie an der Karte zu trennen, die er sich gemerkt hat. Dem Publikum scheint es so, als teile er das Spiel willkürlich in zwei ungefähr gleiche Stapel.

Ein Päckchen wird aufgedeckt, die beiden Hälften werden ineinandergemischt. Jetzt zählt der Zuschauer 26 Karten auf die Hand des Zauberers. Mit etwas Überlegung wird klar, daß auf der Hand des Zauberers genauso viele *verdeckte* Karten liegen müssen wie *offene* in der anderen Hälfte. Der Zauberer braucht daher nur heimlich sein Päckchen umzudrehen, was ganz automatisch geschieht, wenn er seine Hand wendet, um die Karten auf dem Tisch auszubreiten. Man sollte dies tun, wenn der Zuschauer gerade mit dem Ausbreiten seiner eigenen Karten beschäftigt ist. Dann wird er wohl kaum bemerken, daß der Zauberer beim Auffächern seine Karten umgedreht hat. Nach dem Umdrehen wird natürlich die Zahl der offenen Karten in beiden Hälften exakt dieselbe sein.

Vor Wiederholung des Tricks muß der Magier daran denken, eine Hälfte (welche ist egal) wieder umzudrehen. Erst dann erfüllt das Spiel die anfängliche Bedingung, daß 26 offene und 26 verdeckte Karten darin enthalten sind.

Dieses schöne Kunststück ist eine Erfindung des Zauberers Bob Hummer. Es steht in einem seiner zahlreichen Büchlein mit Originaltricks. Hummer wendet dasselbe Prinzip bei einem Trick an, bei dem nur zehn Karten, fünf rote und fünf schwarze, benutzt werden. Die Karten einer Farbe sind umgedreht, alle zehn werden gründlich von einem Zuschauer gemischt. Der Zauberer hält das Päckchen kurz hinter seinen Rücken. Sofort bringt er die Arme wieder nach vorne, wobei er in jeder Hand fünf Karten hält. Er breitet beide Gruppen auf dem Tisch aus. Die Anzahl der offenen Karten ist in beiden Gruppen gleich, aber sie sind von unterschiedlicher Farbe. Befinden sich beispielsweise drei offene rote Karten in einer Fünfergruppe, so enthält die andere drei offene schwarze Karten. Der Trick kann beliebig oft wiederholt werden, immer mit demselben Ergebnis.

Das *Verfahren* ist im wesentlichen das gleiche wie oben. Hinter dem Rücken teilt der Künstler einfach die Karten hälftig und dreht dann eine Hälfte um, bevor er die beiden Gruppen vorzeigt. Man kann natürlich jede gerade Anzahl von Karten nehmen, nur muß das Päckchen je zur Hälfte aus roten und schwarzen Karten bestehen.

Hummer's Umdreh-Geheimnis

Der Zauberer reicht einem Zuschauer ein Päckchen mit 18 Karten und bittet ihn, sie unter dem Tisch versteckt nach folgendem Prinzip zu mischen: Zuerst soll er das oberste Karten-*Paar* mit der Bildseite nach oben drehen und dann das Päckchen abheben; wieder das oberste Paar umdrehen und abheben. Das kann er so oft wiederholen, wie er will. Dabei werden die Karten natürlich in einer nicht vorhersehbaren Weise gemischt, was zur Folge hat, daß sich eine unbekannte Anzahl Karten mit der Bildseite nach oben an verschiedenen Stellen im Päckchen befindet.

Der Zauberer sitzt dem Zuschauer am Tisch gegenüber. Er greift unter den Tisch, nimmt das Spiel und hält die Hände so, daß die Karten jedem, auch ihm selbst, verborgen sind. Er verspricht, die Anzahl der offenen Karten anzugeben und nennt eine Zahl. Werden jetzt die Karten hervorgeholt und auf dem Tisch aufgefächert, so erweist sich die Zahl als richtig.

Jetzt folgt ein zweites Kunststück: Der Zauberer ordnet die 18 Karten in einer speziellen Art, ohne den Zuschauer die Anordnung erkennen zu lassen. Er reicht diesem das Päckchen mit der Bitte, es wieder unter den Tisch zu halten und die Ordnung durch wiederholtes Mischen in der oben angegebenen Weise zu zerstören.

Hat der Zuschauer so viele Paare umgedreht und so oft das Päckchen abgehoben, daß nach seiner Meinung die Karten gründlich gemischt sind, steht der Künstler auf und dreht sich mit dem Rücken zum Tisch. Er bittet den Zuschauer, daß Päckchen hervorzuholen und sich die oberste Karte anzusehen. Ist sie verdeckt, so soll er sie aufdecken, liegt sie schon mit der Bildseite nach oben, so soll er sie umdrehen. Auf jeden Fall muß er sich die Karte merken. Das Spiel wird dann noch einmal abgehoben.

Jetzt setzt sich der Zauberer hin und greift wieder unter dem Tisch nach den Karten. Er bekundet, daß er die gewählte Karte finden wolle. Einen Augenblick später bringt er die Karten auf den Tisch und verkündet, er habe das Blatt in Ordnung gebracht, alle Karten seien jetzt verdeckt bis auf eine – die ausgewählte. Der Zuschauer nennt die Karte. Jetzt fächert der Magier die Karten auf. Alle Karten sind verdeckt bis auf die gewählte, die offen in der Mitte des Fächers steckt.

Methode: Dieser überraschende Trick funktioniert rein mechanisch. Beim ersten Effekt braucht der Zauberer nur im Kartenstapel unter dem Tisch jede zweite Karte umzudrehen. Dann kann er feststellen, daß das Päckchen *neun* offen liegende Karten enthält, er nennt nämlich einfach die halbe Gesamtanzahl. (Für diesen Trick kann jede *gerade* Anzahl Karten verwendet werden.) Diese Feststellung erweist sich als richtig.

Zur Vorbereitung des zweiten Effekts ordnet der Zauberer die Karten so, daß jede zweite Karte mit der Bildseite nach oben liegt. Natürlich darf das Publikum diese Anordnung nicht sehen. Ist die Karte in der oben beschriebenen Art ausgesucht, nimmt der Zauberer das Päckchen und verfährt unter dem Tisch genauso wie zuvor – er dreht jede zweite Karte um. Damit erreicht er, daß alle Karten in einer Richtung liegen, nur die ausgesuchte steckt umgedreht etwa in der Mitte.

Man findet diesen Trick auch in Bob Hummer's »Face-up Facedown Mysteries«. Es gibt davon viele Varianten. Der Amateurzauberer Eddie Marlo aus Chicago schlägt vor, für den zweiten Teil des Tricks ein vorbereitetes Päckchen mit 18 Karten zu verwenden, in dem die Karten abwechselnd offen und verdeckt angeordnet sind, und dieses auf dem Schoß oder unter dem Oberschenkel verborgen zu halten. Das Originalpäckchen wird dem Zuschauer unter dem Tisch gereicht und bei dieser Gelegenheit gegen das präparierte ausgetauscht.

Der New Yorker Amateurzauberer Oscar Weigle schlug vor, zu Beginn des Tricks 18 Karten scheinbar zufällig aus dem Spiel zu entfernen. In Wirklichkeit muß man aber abwechselnd rote und schwarze Karten herausnehmen. Das Päckchen wird ein paarmal falsch überhandgemischt, wobei jedesmal eine ungerade Anzahl Karten abgezogen wird, bevor man den Rest darauflegt. So bleibt die ursprüngliche Rot-Schwarz-Anordnung erhalten. Jetzt wird der erste Teil des Tricks vorgeführt. Wenn Sie aber die neun aufgedeckten Karten zeigen, stellen Sie erstaunt fest, daß der Zuschauer auf geheimnisvolle Weise die roten von den schwarzen Karten getrennt hat. Alle offenen Karten sind von einer Farbe, die verdeckten von der anderen.

Ich habe Weigle's Version detaillierter im November 1948 in »Hugard's Magic Monthly« erklärt. Im Jahr darauf veröffentlichte Mr. Weigle sein Bändchen »Color Scheme« mit einer weiteren Ausarbeitung dieses Effekts.

Die kleinen Monde

Hummer's oben erwähnte Broschüre enthält eine weitere außergewöhnliche Anwendung dieses Prinzips – bei Karten, die er »die kleinen Monde« nennt. Jede Karte zeigt ein lächelndes Gesicht, dreht man jedoch die obere Kante nach unten, so erscheint das Gesicht finster. Die Karten (es muß eine *gerade* Anzahl sein) werden so angeordnet, daß sie abwechselnd lächelnd und finster drein blicken. Der Zuschauer weiß aber nichts davon. Das Päckchen wird beliebig oft abgehoben. Jetzt markiert der Zuschauer mit einem Stift die Rückseite der obersten Karte. Der Zauberer steckt diese Karte als zweitoberste zurück; die jetzt oben liegende Karte wird in ähnlicher Weise gekennzeichnet. Das Päckchen wird wieder abgehoben und dann unter dem Tisch dem Zauberkünstler gereicht. Einen Augenblick später fächert er die Karten auf dem Tisch auf. Alle Gesichter lächeln, bis auf zwei, oder alle bis auf zwei blicken finster. Diese beiden Karten werden umgedreht. Es sind tatsächlich die beiden markierten.

Der Trick funktioniert folgendermaßen: Unter dem Tisch werden die Karten in zwei Stapel »verteilt«, wovon man einen zwischen Daumen und Zeigefinger und den anderen zwischen Zeige- und Mittelfinger hält. Ein Päckchen wird dann so umgedreht, daß die Oberkante nach unten kommt. Dadurch haben automatisch alle Karten denselben Gesichtsausdruck bis auf die beiden markierten.

In den nächsten beiden Kapiteln werden wir uns den Tricks zuwenden, die die letzte der fünf anfangs aufgeführten Eigenschaften illustrieren. Es handelt sich um Kunststücke, bei denen den Karten eine Ordnung gegeben werden muß.

2 Kartentricks – Teil 2

Obwohl bei vielen Kunststücken, die im vorigen Kapitel beschrieben wurden, die Anordnung der Karten wichtig war, schien es sinnvoller, sie unter anderen Überschriften vorzustellen. In diesem Kapitel werden wir Tricks betrachten, bei denen die Kartenordnung eine Hauptrolle spielt. Meistens werden jedoch auch andere Eigenschaften von Kartenspielen ausgenutzt.

O'Connor's Vier-As-Trick

Der Zauberer bittet, ihm eine Zahl zwischen 10 und 20 zu nennen. Er stapelt dann diese Anzahl Karten auf dem Tisch. Jetzt werden die beiden Ziffern der genannten Zahl addiert – man erhält also die Quersumme –, und ebenso viele Karten werden nun *einzeln nacheinander* zurück auf das Spiel gezählt. Die Karte, die nach diesem Umzählprozeß als oberste auf dem Stoß liegt, wird nun verdeckt zur Seite und das Restpäckchen zurück auf das Spiel gelegt. Erneut wird eine Zahl zwischen 10 und 20 genannt und die Prozedur wiederholt. Das geschieht so lange, bis vier Karten auf diese merkwürdige Weise ausgesucht sind. Die vier Karten werden jetzt aufgedeckt – alle vier sind Asse!

Methode: Vor Beginn des Zauberkunststücks müssen sich die Asse an der 10., 11., 12. und 13. Stelle von oben befinden. Der Rest geht automatisch.

Billy O'Connor veröffentlichte diesen Trick im Juni/September-Heft 1933 von »Magic Wand«.

Der Zauber Manhattans

Ein Zuschauer wird gebeten, ein Kartenspiel etwa in der Mitte zu teilen und ein Päckchen an sich zu nehmen. Er zählt die Karten seines Stapels. Es sind beispielsweise 24. 2 und 4 werden addiert, es ergibt sich 6. Der Zuschauer sieht sich die 6. Karte *von unten* seines Päckchens an, legt dann seine Karten zurück auf den anderen Stapel, begradigt das Spiel ordentlich und reicht es dem Zauberer. Dieser zählt die Karten vom Spielrücken aus einzeln auf den Tisch, wobei er laut »D-e-r Z-a-u-b-e-r M-a-n-h-a-t-t-a-n-s« buchstabiert. Mit jedem Buchstaben teilt er eine Karte aus. Das Buchstabieren endet mit der ausgewählten Karte.

Methode: Bei dem beschriebenen Verfahren ist die gewünschte Karte im Spiel immer an der 19. Stelle von oben. Deshalb führt das Buchstabieren jedes Begriffs mit 19 Buchstaben zu der gewünschten Karte.

Bill Nord, ein Amateurzauberer aus New York, hat diesen Trick erfunden und schlug als Titel »The Magic of Manhattan« vor, aber jeder Begriff mit 19 Buchstaben führt natürlich zum selben Ergebnis.

Beide Tricks, dieser wie der vorhergehende, beruhen auf folgendem Gesetz: Addiert man die Ziffern einer Zahl und zieht das Ergebnis von der ursprünglichen Zahl ab, so erhält man immer ein Vielfaches von 9.

Das vorhergesagte Umstecken

Ein Päckchen mit 13 Karten wird mehrmals abgehoben und dann einem Zuschauer gegeben. Der Zauberer wendet sich ab und bittet den Zuschauer, zwischen 1 und 13 Karten – eine nach der anderen – unten wegzunehmen und nach oben zu legen.

Der Künstler dreht sich wieder herum, nimmt das Päckchen, fächert es auf und zieht sofort eine Karte heraus. Wird die Karte umgedreht, so entspricht ihr Zahlenwert der Anzahl Karten, die umgesteckt wurden. Der Trick kann beliebig wiederholt werden.

Methode: Das Päckchen enthält, vom As bis zum König, für jeden Wert eine Karte. Diese sind in aufsteigender Reihenfolge so angeordnet, daß der König oben liegt. Das Päckchen wird mehrmals abgehoben.

Der Zauberer merkt sich die unterste Karte, wenn er das Päckchen nach mehrmaligem Abheben dem Zuschauer reicht. Angenommen, es ist eine 4. Sind die Karten umgesteckt, so zählt er bis zur *vierten* Karte von oben und dreht diese um. Deren Wert entspricht der Anzahl der umgesteckten Karten.

Der Trick wird wiederholt, wobei man sich wieder die unterste Karte merken muß, wenn man das Päckchen aus der Hand gibt. Noch besser ist es, wenn man sich die Rotationsordnung merkt (sie bleibt trotz Abheben und Umstecken erhalten). Dann zählt der Zauberer einfach rückwärts von der Karte, die er aufgedeckt hat, bis zur untersten. Auf diese Weise erfährt er, welche Karte zuunterst lag, ohne einen Blick darauf geworfen zu haben.

Der glückliche Kartenfund

Das Spiel wird gemischt. Der Zauberer läßt seinen Blick einen Augenblick lang darüber schweifen, legt es verdeckt auf den Tisch und nennt eine Karte, z. B. Herz 2. Jemand ruft ihm jetzt eine Zahl zwischen 1 und 26 zu. Der Zauberer zählt diese Anzahl Karten nacheinander einzeln auf den Tisch und dreht dann die Karte um, die oben auf dem Päckchen liegt. Es ist *nicht* Herz 2.

Der Magier ist verwirrt. Er vermutet, daß sich die Karte vielleicht in der unteren Hälfte des Spiels befindet. Die falsche Karte wird wieder verdeckt auf das Päckchen gelegt. Darauf kommen die Karten, die auf dem Tisch liegen. Der Künstler bittet, ihm eine andere Zahl zu nennen, diesmal eine zwischen 26 und 52. Wieder wird die genannte Anzahl Karten auf den Tisch gezählt, und wieder ist die Karte oben auf dem Spiel *nicht* Herz 2!

Noch einmal wird die falsche Karte verdeckt auf das Spiel gelegt, darauf kommen die Karten, die auf dem Tisch liegen. Jetzt schlägt der Zauberer vor, man könne Herz 2 vielleicht finden, wenn man die erste Zahl von der zweiten abzieht. Dies geschieht. Die der Differenz entsprechende Kartenzahl wird ausgezählt. Jetzt wird die oberste Karte des Spiels umgedreht – es ist die Herz 2!

Methode: Der Zauberer läßt zu Anfang seinen Blick über die Karten schweifen und nennt einfach die oberste Karte des Spiels. Zählt man die Karten zweimal auf den Tisch, so kommt diese Karte automatisch an die Stelle, die durch die Differenz der beiden genannten Zahlen gegeben ist.

Der Trick wurde 1920 von Charles T. Jordan als »The Keystone Card Discovery« verkauft und von T. Page Wright später offensichtlich neu entdeckt, der ihn im Dezember 1925 als Originaleffekt in »The Sphinx« beschrieb.

Zwei Stapel

Der Zauberer wendet sich ab und bittet einen Zuschauer, von dem Spiel einige Karten zu nehmen und so auf zwei kleine Päckchen zu verteilen, daß sich in beiden die gleiche Anzahl Karten befindet. Nun soll er sich die oberste Karte im Restspiel ansehen. Danach wird ein Stapel auf das Spiel zurückgelegt, oben auf die gemerkte Karte. Den anderen Stoß steckt der Zuschauer in die Tasche.

Der Zauberer nimmt die Karten und hält sie kurz hinter den Rücken. Sofort holt er die Karten wieder hervor und legt sie auf den Tisch. Der Zuschauer nimmt das Päckchen aus seiner Tasche und legt es oben auf das Spiel. Der Magier betont, daß er unmöglich die Anzahl der Karten kennen kann, die der Zuschauer in seiner Tasche hatte. Deshalb würde jede Kartenordnung, die er hinter dem Rücken vorgenommen haben könnte, durch Hinzufügen dieser unbekannten Anzahl Karten zerstört.

Jetzt wird der Zuschauer gebeten, das Spiel aufzunehmen und von oben eine Karte nach der anderen auszuteilen. Dabei soll er den Satz »D-a-s i-s-t d-i-e g-e-s-u-c-h-t-e K-a-r-t-e« so laut buchstabieren, daß auf jeden Buchstaben eine ausgeteilte Karte kommt. Das Buchstabieren endet genau mit der gesuchten Karte.

Methode: Hinter seinem Rücken zählt der Künstler die Karten, von oben angefangen, in seine rechte Hand, wobei er den Satz buchstabiert, den er später benutzen will. Dadurch werden die gezählten Karten umgeordnet. Sie werden zurück auf das Spiel gelegt. Wenn später der Zuschauer die Karten, die er in der Tasche hatte, zurücklegt, kommt die gesuchte Karte automatisch an die richtige Stelle.

Der Satz, der zum Buchstabieren benutzt wird, muß mehr Buchstaben enthalten, als Karten in jedem Stapel sind. Aus diesem Grunde sollte der Zuschauer aufgefordert werden, bei der Verteilung der Karten auf zwei Stapel eine gewisse Kartenanzahl nicht zu überschreiten. Eine wirkungsvolle Variante besteht darin, daß man den Zuschauer seinen eigenen Namen buchstabieren läßt.

Elmsley's Karten-Übereinstimmung

Ein Spiel wird gemischt und in zwei gleich große Päckchen geteilt. Ein Zuschauer sieht sich die oberste Karte eines Päckchens an, legt sie zurück und hebt diesen Stapel ab. Ein anderer Zuschauer macht dasselbe mit dem zweiten Päckchen. Beide merken sich die Karten, die sie angesehen haben. Der Zauberer sieht jetzt kurz jeden Stapel durch, hebt ihn ab und legt ihn zurück auf den Tisch.

Beide Stapel liegen nun nebeneinander auf dem Tisch, jeder enthält eine gewählte Karte. Unter Benutzung beider Hände beginnt der Magier, gleichzeitig die jeweils obersten Karten von jedem Stapel zu nehmen und sie neben die entsprechenden Päckchen auf den Tisch zu legen. Eine Hand legt die Karten offen hin, während die andere sie verdeckt ablegt. Er bittet, ihm zu sagen, wenn eine der ausgewählten Karten aufgedeckt wird. In einer Hand hält er jetzt die aufgedeckte ausgesuchte Karte, in der anderen eine verdeckte. Nun wird die zweite ausgewählte Karte genannt. Es ist die, die der Künstler verdeckt in der anderen Hand hält.

Methode: Ist das Spiel gemischt, so sehen Sie es durch und merken sich die unterste und die 27. Karte von unten. Dann legen Sie das Spiel auf den Tisch, Rückseite nach oben, und lassen den Zuschauer so oft abheben, wie er will, damit er sicher ist, daß Sie nicht die oberste oder unterste Karte des Stapels kennen. Das Spiel wird jetzt in zwei etwa gleich große Päckchen geteilt. Kommen dabei beide Schlüsselkarten in einen Stapel, funktioniert der Trick nicht. Da jedoch beide um 26 Karten auseinanderliegen, ist dies sehr unwahrscheinlich.

Die Zuschauer sehen sich jetzt die oberste Karte ihres Stapels an, legen diese Karten zurück und heben dann die Päckchen ab. Da sie willkürlich abheben, scheint es unmöglich, eine Vorstellung von der Lage der ausgewählten Karten zu haben. Sie nehmen ein Päckchen auf. Wenn Sie es durchsehen, zählen Sie die Karten und merken sich die Anzahl. Suchen Sie dann eine ihrer Schlüsselkarten und heben Sie den Stapel so ab, daß diese Karte nach oben kommt. Legen Sie dann den Stapel auf den Tisch zurück, Bildseite nach unten.

Nehmen sie den anderen Stapel auf und suchen Sie die zweite Schlüsselkarte. Hat das erste Päckchen genau 26 Karten, braucht man den zweiten nur so abzuheben, daß die Schlüsselkarte nach oben kommt. Hat jedoch der erste Stapel mehr oder weniger als 26 Karten, muß etwas ober- oder unterhalb der Schlüsselkarte abgehoben werden. Da sich die Vorgehensweise in beiden Fällen leicht unterscheidet, wollen wir jede an einem Beispiel erläutern:

Enthält der erste Stapel *weniger* als 26 Karten, subtrahieren Sie diese Anzahl von 26. Die Differenz gibt Ihnen die Stelle an, an die die Schlüsselkarte gebracht werden muß, gerechnet *von der Bildseite* des zweiten Päckchens, von *unten* also. Enthält z. B. der erste Stapel 22 Karten, so sind das 4 weniger als 26. Der zweite Stapel wird so abgehoben, daß die Schlüsselkarte an die vierte Stelle von unten kommt.

Enthält der erste Stapel *mehr* als 26 Karten, subtrahiert man 26 von dieser Zahl. Das Ergebnis *plus 1* sagt Ihnen, an welche Stelle von *oben* die Schlüsselkarte im zweiten Stapel gebracht werden muß. Beispielsweise enthält das erste Päckchen 28 Karten, also 2 mehr als 26; 1 addiert ergibt 3. Heben Sie jetzt den zweiten Stapel so ab, daß die Schlüsselkarte an die dritte Stelle von oben gebracht wird.

Sind die Stapel an der richtigen Stelle abgehoben, beginnt man, beide von oben her auszuteilen. Dabei benutzt man beide Hände gleichzeitig. Eine Hand (es spielt keine Rolle, welche) teilt die Karten offen, die andere verdeckt aus. Sie bitten die Zuschauer, stop zu sagen, sobald eine gewählte Karte in der Hand auftaucht, die offen austeilt. Geschieht dies, so halten sie inne und fragen nach dem Namen der anderen Karte. Dann drehen sie langsam die verdeckte Karte in der anderen Hand um. Es müßte die Karte sein, die gerade genannt wurde.

Dieser Trick gehört zu einer großen Anzahl neuer Effekte, die von der »Mittelkarte« (die 26. oder 27. Karte von oben) Gebrauch machen. Erfunden und im Februar 1953 in der englischen Zauberzeitschrift »Pentagram« veröffentlicht hat ihn der Ingenieur Alex Elmsley. Das hier beschriebene Verfahren unterscheidet sich leicht von dem Elmsley's. Es stammt von dem amerikanischen Zauberer Dai Vernon.

Zauberei per Post

Der Zauberer schickt einem Freund per Post ein Kartenspiel mit den folgenden Anweisungen: Er soll das Spiel so oft abheben, wie er will, es *einmal* riffelmischen, und es dann wieder beliebig oft abheben. Anschließend soll er das Spiel in zwei Hälften aufteilen, aus der Mitte einer Hälfte eine Karte herausnehmen, sich deren Bild merken und sie mitten in die *andere* Hälfte stecken.

Ein Stapel von beiden wird jetzt gründlich gemischt und dem Zauberer zurückgeschickt, ohne ihm mitzuteilen, ob es die Hälfte ist, in der sich die gewählte Karte befindet, oder die, aus der die Karte genommen wurde. Trotzdem trifft nach ein paar Tagen eine Postkarte des Zauberers ein, auf der der Name der ausgewählten Karte steht.

Methode: Bevor der Zauberer seinem Freund das Spiel schickt, mischt er es und notiert die Reihenfolge der Karten. Diese Auflistung betrachtet er als Reihe, in der Ende und Anfang wie in einem Kreis verbunden wird, so daß sich eine endlose Folge bildet.

Wenn er das halbe Spiel zurück erhält, überprüft der Zauberer die Karten an Hand seiner Liste. Wegen des einmaligen Riffelmischens werden sie in zwei verschachtelten Reihen aufeinanderfolgender Karten erscheinen. Trotzdem wird entweder eine Karte innerhalb einer Folge erscheinen, die nicht an der Stelle in der Liste steht, oder es ist eine Karte notiert, die in beiden Folgen nicht auftaucht. Das ist natürlich die gewählte Karte.

Der Trick wurde von Charles T. Jordan erdacht und steht in seinen »Thirty Card Mysteries« von 1919.

Belchou's Asse

Ein Zuschauer teilt das Spiel in vier Päckchen auf, die wir mit A, B, C und D bezeichnen wollen. Stapel D ist der, der zuoberst auf dem Spiel gelegen hatte. Der Zuschauer wird gebeten, Stapel A aufzunehmen und von oben drei Karten verdeckt auf die Stelle zu zählen, auf der Päckchen A vorher gelegen hatte. Dann soll er auf jedes der drei restlichen Päckchen je eine Karte vom in der Hand gehaltenen Päckchen A zählen. Päckchen A wird dann oben auf die drei Karten zurückgelegt. Absolut genauso wird mit den restlichen drei Päckchen verfahren, und zwar in der Reihenfolge B, C und D. Werden zum Schluß die oben auf den Päckchen liegenden Karten umgewendet, sind es die vier Asse!

Methode: Am Anfang liegen die vier Asse, was der Zuschauer natürlich nicht weiß, oben auf dem Spiel. Ab dann geht alles automatisch.

Der Trick wurde zuerst im Juni 1939 von Oscar Weigle im »Dragon« beschrieben, dessen Erfindung er Steve Belchou aus Mount Vernon zuschreibt. Das Prinzip ist wunderbar einfach, und der Effekt überrascht die Zuschauer sehr.

Der Tit-Tat-Toe-Trick

Ein großes Tit-Tat-Toe-Brett* wird auf ein Blatt Papier gezeichnet. Der Zauberer und ein Zuschauer beginnen zu spielen. Aber statt ihre

---

* Quadratisches Spielbrett mit 3 mal 3 Feldern (vgl. Abb. 1). Beide Spieler setzen abwechselnd und versuchen, die waagerecht, senkrecht oder diagonal nebeneinander liegenden Felder mit ihren Steinen zu besetzen.

Züge auf das Papier zu zeichnen, benutzen sie Karten, die sie von einem Stapel mit neun Karten ziehen. Der Zuschauer legt seine Karten offen hin, der Zauberer aber verdeckt. Das Spiel endet unentschieden, alle neun Karten liegen auf dem Brett. Die verdeckten Karten werden nun umgedreht, und es ergibt sich ein magisches Quadrat. Alle Zeilen – horizontale, vertikale und die beiden Diagonalen – ergeben als Summe 15.

Methode: Vor vielen Jahren schlug ich diesen Effekt dem New Yorker Amateurzauberer und Mathematiklehrer Don Costello vor. Er merkte schnell, daß der Trick nur möglich war, wenn der Zauberer anfängt und eine 5 auf die Mitte des Brettes setzt. Sein Gegenspieler kann dann nur noch auf ein Eckquadrat oder an eine Seite setzen. In beiden Fällen kann der Zauberer ihm die weiteren Züge aufzwingen. Das Problem bestand darin, eine Anordnung der neun Karten auszuarbeiten, die den Zauberer in die Lage versetzte, das Ergebnis zu erzwingen.

Costello arbeitete mehrere Versionen aus. Alle ermöglichen die endgültige Anordnung der Karten jedoch erst, wenn der Zuschauer angezeigt hat, wohin er seine erste Karte setzen will.

Der Trick fesselte Dai Vernon, der ein ausgeklügeltes Verfahren ersann, wie diese notwendige Anordnung erfolgen kann, ohne daß der Zuschauer es merkt. Wir geben Vernons Version des Costello-Tricks wieder:

Entnehmen Sie dem Spiel neun Karten eines Kartenzeichens, z. B. Herz, und ordnen Sie sie folgendermaßen: As, 8, 2, 7, 3, 4, 5, 6, 9. Verteilen Sie diese Karten in dieser Reihenfolge über das ganze restliche Spiel so: Das As geben Sie in den *oberen* Teil des Spiels und sortieren die folgenden Karten weiter nach »unten zu« in das Spiel ein – einige andere Karten beliebiger Werte befinden sich also zwischen den Herz-Karten. Diese geringe, aber bedeutsame Vorbereitung treffen Sie natürlich unbemerkt, bevor Sie das Kunststück zeigen wollen.

Wenn Sie dieses Experiment vorführen, fächern Sie das Kartenspiel auf und sehen es durch. Erwähnen Sie, daß Sie alle Herz-Karten mit den Werten vom As bis zur 9 in der Reihenfolge herausnehmen, in der Sie sie vorfinden. Niemand wird die Anordnung beargwöhnen, sie erscheint ganz zufällig.

Jetzt wird das Tit-Tat-Toe-Brett auf ein großes Blatt Papier gezeichnet. Man kann auch ein imaginäres Brett benutzen, da man ja zuerst in die Mitte spielt, wodurch es leicht wird, sich die Lage der anderen Quadrate vorzustellen. Der erste Zug muß folgendermaßen durchgeführt werden: Fächern Sie das Päckchen mit den neun Herz-Karten in ihren Händen so auf, daß Sie die Bilder sehen können, und teilen Sie den Fächer in zwei Teile. Ihre linke Hand hält die oberen *sechs* Karten, die rechte die unteren *drei*. Legen Sie mit der Rechten die oberste Karte ihrer Gruppe (es ist die 5) verdeckt in die Mitte des Bretts, halten Sie die beiden anderen Karten weiter in der Hand. Ihre Hände bleiben getrennt, wenn Sie den Gegenspieler bitten, das Quadrat zu benennen, auf das er zuerst setzen will. Nennt er ein Eckquadrat, so legen Sie die beiden Karten in ihrer Rechten *oben* auf die sechs Karten in der linken Hand. Nennt er jedoch ein Seitenquadrat, so müssen Sie die beiden Karten *unter* die anderen stecken. Egalisieren Sie aber in beiden Fällen das Päckchen sofort und legen Sie es mit der Bildseite nach unten auf den Tisch.

Bitten Sie den Mitspieler, die oberste Karte vom Stapel zu nehmen, sie aufzudecken und in das bezeichnete Quadrat zu legen. Von jetzt an wird immer so gespielt, daß man eine Karte oben von dem Stapel nimmt und auf das Brett legt. Sie selbst setzen immer verdeckt, er offen. Später wird er sich nicht mehr daran erinnern, daß das Päckchen erst nach dem ersten Zug zusammengelegt wurde. Er wird nur noch wissen, daß es einfach auf den Tisch gelegt wurde und man dann alle Züge durchführte, indem man die Karten von oben nahm. Dadurch wird es für einen mathematisch denkenden Zuschauer äußerst schwierig, den Trick zu rekonstruieren.

Nach dem zweiten Setzen des Zuschauers muß man alle Karten jeweils so legen, daß sie ein magisches Quadrat bilden. Da es zwei unterschiedliche Verfahren gibt, je nachdem ob der erste Zug auf eine Ecke oder auf ein Seitenquadrat erfolgte, werden wir jeden Spielverlauf der Reihe nach durchgehen:

Spielt der Zuschauer auf eine *Ecke*, so legen Sie die nächste Karte *auf eins der Quadrate, die der gespielten Ecke schräg gegenüber liegen.* Alle weiteren Züge, sowohl seine wie Ihre, erfolgen jetzt

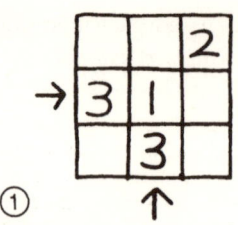

①

zwangsweise. Voraussetzung ist natürlich, daß jeder Spieler möglichst verhindert, daß der Gegenspieler drei in eine Zeile setzt. Die Pfeile in Abb. 1 zeigen auf die beiden Quadrate, auf die Sie ihre zweite Karte setzen können.

Spielt Ihr Gegenüber jedoch zuerst auf ein *Seitenquadrat,* dann setzen Sie *auf eine diesem Quadrat benachbarte Ecke* (vgl. die beiden durch Pfeile markierten Quadrate in Abb. 2). Das zwingt

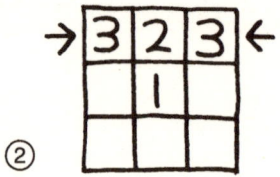

②

ihn, auf die diagonal entgegengesetzte Ecke zu spielen. Sie setzen dann *auf das Seitenquadrat, das an die beiden von ihm vorher belegten Felder angrenzt.* Er muß jetzt auf das entgegengesetzte Seitenquadrat setzen. Sie spielen nun in die Ecke, die an das in seinem letzten Zug belegte Feld angrenzt. Die restlichen Züge sind vorgegeben. (Ich bin Geoffrey Mott-Smith für die Überlassung dieser einfachen Strategie sehr dankbar.)

Zu Ihrer bequemen Orientierung beim Meistern dieses Kunststücks zeigt Abb. 3 die beiden möglichen magischen Quadrate, eins

③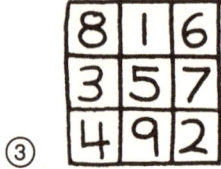

ist das Spiegelbild des anderen. Jedes Quadrat kann natürlich in vier verschiedene Positionen gedreht werden.

Nachbemerkung für Fortgeschrittene:
Dai Vernon hat sich für dieses Experiment einen sehr kunstvollen Einstieg ausgedacht. Die vorsortierten neun Herz-Karten liegen bei seiner Methode zuerst *unten* im Spiel. Er überreicht es einem Zuschauer und ersucht ihn, »zweimal sorgfältig das Riffelmischen auszuführen«. Zauberer in den deutschsprachigen Ländern kennen diesen Vorgang als »Bogenmischen«.

Nach auf diese Weise zweimaligem Mischen liegen die Herz-Karten tatsächlich in der vorbereiteten Reihenfolge und gleichzeitig schon gut verteilt im Kartenspiel! Da aber kaum einer Ihrer Zuschauer ein »sorgfältiges Riffelmischen« beherrschen dürfte, wurde der Einstieg in Vernons Version des Costello-Tricks in der vorherigen Beschreibung ein wenig umformuliert, so daß Sie auf dieses ungewöhnliche Experiment nicht zu verzichten brauchen. Wenn Sie es nicht gleich als erstes Ihrer Kartenkünste zeigen wollen, dann haben Sie ein zweites Spiel gleicher Fabrikation in der Tasche, die Herz-Karten entsprechend vorsortiert. Mühelos können Sie das ursprünglich verwendete Spiel gegen das vorsortierte austauschen.   *A. A.*

3 Von Gergonne zu Gargantua

Das folgende ist eines der ältesten mathematischen Kunststücke, bei dem die Anordnung der Karten eine Rolle spielt, und eines der fesselndsten. Ein Zuschauer merkt sich irgendeine Karte in einem Päckchen von 27 Karten. Dieses wird verdeckt gehalten und in drei offene Stapel aufgeteilt. Der Zuschauer gibt an, welcher Stapel die gewählte Karte enthält. Die Stapel werden eingesammelt und neu in drei offene Gruppen verteilt. Wieder gibt der Zuschauer den Stapel an, der seine Karte enthält. Das Verfahren wird ein drittes, letztes Mal wiederholt. Danach ist der Zauberer in der Lage, eine der folgenden drei Aussagen zu machen: Er kann

1. die genaue Lage der Karte im Spiel angeben;
2. die Karte in einer Position finden, die vorher vom Zuschauer bestimmt wurde;
3. die Karte nennen.

Wegen des Interesses, das dieser Trick bei Mathematikern hervorgerufen hat, wird ihm ein eigenes Kapitel gewidmet. Als Gergonne's Stapel-Problem (nach Joseph Diez Gergonne, dem französischen Mathematiker, der ihn 1813 als erster ausführlich analysiert hat) ist dieses Kunststück in der Literatur vielfach diskutiert worden. Das Grundprinzip wurde verallgemeinert und damit auf jede beliebige Kartenzahl anwendbar. In den letzten Jahren wurden von Zauberkünstlern viele neue Aspekte dieses Tricks entdeckt – Aspekte, die bisher noch keinen Eingang in die Literatur über Zauberei oder mathematische Vergnügungsspiele gefunden haben.

Jede der obigen Darbietungen verlangt eine unterschiedliche Vorgehensweise. Wir wollen sie der Reihe nach diskutieren.

Die Lage der Karte nennen

In dieser Version darf der Zuschauer die Karten nach jedem Austeilen wieder zusammenlegen. Das Päckchen mit den 27 Karten wird beim Austeilen immer mit der Bildseite nach unten gehalten, während die Karten immer offen auf die Stapel verteilt werden. Das Austeilen kann auch durch einen Zuschauer erfolgen. Tatsächlich ist es gar nicht nötig, daß der Künstler die Karten irgendwann berührt. Er beobachtet das Vorgehen nur und kann nach der dritten und letzten Anordnung die Lage der gewählten Karte im Päckchen der 27 genau angeben.

Am einfachsten läßt sich dieser Effekt vorführen, wenn man sich die folgende Tabelle merkt:

Erstes Austeilen	oben 1	Zweites Austeilen	oben 0	Drittes Austeilen	oben 0
	Mitte 2		Mitte 3		Mitte 9
	unten 3		unten 6		unten 18

Betrachten Sie das verdeckte Päckchen mit den 27 Karten so, als bestünde es aus drei Gruppen von je neun Karten. Diese sind in der Tabelle als oben, Mitte und unten bezeichnet. Jedesmal, wenn der Zuschauer die Stapel zusammenlegt (nachdem er den genannt hat, der seine Karte enthält), merken Sie sich, ob sich der genannte Stoß im oberen, mittleren oder unteren Teil *des neu gebildeten, verdeckten Stapels* befindet. Jede Anordnung wird mit einer Schlüsselzahl versehen. Die Addition dieser Zahlen gibt die endgültige Position der Karte, von oben gezählt, im Gesamtpäckchen an.

Ordnet beispielsweise der Zuschauer die Stapel nach dem ersten Austeilen so an, daß das Päckchen, das seine Karte enthält, unten hinkommt, ist 3 die Schlüsselzahl. Legt er beim zweiten Mal die Stapel so zusammen, daß sich seine Karte im mittleren Drittel befindet, so ergibt sich ebenfalls eine 3. Für den Fall, daß nach dem letzten Zusammenlegen sich die Karte im obersten Drittel befindet, zählt laut Tabelle die 0. Zusammen ergeben die Schlüsselzahlen 3 + 3 + 0 = 6. Die Karte befindet sich daher im Päckchen an der 6. Stelle von oben.

Der Trick beruht auf einem einfachen Ausschlußprinzip. Das erste Austeilen schränkt die Anzahl der möglichen Karten auf neun, das zweite Austeilen auf drei und das letzte auf eine ein. Das ist leicht zu erkennen, wenn man den Stapel, der die Karte enthält, umdreht und die Rückseite der ausgewählten Karte markiert. Legen Sie die Stapel in beliebiger Reihenfolge zusammen und teilen Sie die Karten dann wieder aus. Sie werden sehen, daß die neun verdeckten Karten jetzt über die drei Stapel verteilt sind, jeder enthält drei verdeckte Karten. Merken Sie sich die Gruppe, die die markierte Karte enthält. Lassen Sie in dieser Gruppe die drei Karten verdeckt, decken Sie aber die anderen sechs Karten wieder auf. Legen Sie die Karten zusammen und teilen Sie diese erneut aus. Jetzt befinden sich alle verdeckten Karten in unterschiedlichen Stapeln. Die Kenntnis des Stapels, der die gewählte Karte enthält, schließt deshalb alle Möglichkeiten bis auf eine aus. Nach der letzten Aufnahme kann die Karte irgendwo zwischen 1 und 27 liegen, es ist aber leicht einzusehen, daß ihre Lage genau durch die Art bestimmt ist, wie die Stapel nach jedem Austeilen zusammengelegt worden sind.

Ist man erst einmal gründlich mit dem Auswahlverfahren vertraut, auf dem der Trick beruht, dann braucht man sich die Tabelle gar nicht mehr zu merken, um die endgültige Lage der Karte herauszufinden. Man verfolgt in Gedanken einfach den beim ersten Mal genannten Stapel und schließt immer mehr Karten aus, bis nur noch eine (deren Lage damit bekannt ist) übrigbleibt. Bei etwas Übung ist es überhaupt nicht schwierig, den Trick so auszuführen.

Die Karte an eine vorher bestimmte Stelle bringen

In dieser Version wird der Zuschauer zu Anfang gebeten, die Stelle zu nennen, an der sich die gewählte Karte nach dem letzten Aufnehmen befinden soll. Natürlich muß der Zauberer selbst nach jedem Austeilen die Stapel anordnen. Am Schluß befindet sich die gewählte Karte in der bezeichneten Position.

Für diesen Effekt kann dieselbe Tabelle benutzt werden. Suchen Sie sich darin drei Zahlen aus, eine aus jeder Austeilgruppe, die addiert die gewünschte Zahl ergeben. Diese drei Zahlen sagen Ihnen, wohin sie jedesmal den Stapel, der die gewählte Karte enthält, bei der Aufnahme legen müssen.

Kompliziertere Tabellen, die aber zum selben Ergebnis führen, findet man in Hoffmann's »More Magic« und in anderen alten Zauberbüchern. Im letzten Jahrhundert brachten manche Zauberer diese Tabellen in Operngläsern an, durch die sie schauten, um die notwendige Information zu erhalten.

Walker's Methode

Ein viel einfacheres Verfahren, bei dem überhaupt keine Tabelle benötigt wird, erklärt Thomas Walker in der Oktober-Ausgabe 1952 von »M. U. M.«, dem Monatsblatt der Vereinigung amerikanischer Zauberer. Es geht folgendermaßen:

Angenommen, es wird die 14. Stelle von oben verlangt. Wenn Sie die Karten das erste Mal austeilen, zählen Sie mit und merken sich, wohin die 14. Karte fällt. Es ist der zweite Stapel. Das bedeutet, daß der Stapel mit der Karte des Zuschauers in die Mitte kommen muß, wenn Sie die Stapel das erste Mal zusammenlegen. Teilen Sie ein zweites Mal aus, so zählen Sie wieder bis 14, doch statt 14 im Gedächtnis zu behalten, merken Sie sich 3. Zählen Sie die beiden nächsten Karten nicht mit. Kommen Sie beim Austeilen wieder an den mittleren Stoß, merken Sie sich 2, zählen wieder die beiden nächsten Karten nicht mit und merken sich 1, wenn Sie die dritte Karte auf den mittleren Stoß legen. Bei der nächsten Karte, die Sie darauf legen, merken Sie sich wieder 3 und machen weiter wie oben. Mit anderen Worten: Sie zählen 3, 2, 1 – 3, 2, 1 – 3, 2, 1, bis alle Karten ausgegeben sind. Die Zahl, die Sie sich bei der letzten Dreier-Gruppe gemerkt haben, gibt die Stelle an, an die der Stapel mit der gewünschten Karte gelegt werden muß. Im Beispiel, das wir verfolgen, ist die Zahl wieder 2. Deshalb muß beim Zusammenlegen der bezeichnete Stapel wieder in die Mitte kommen.

Beim dritten Austeilen braucht man nicht zu zählen. Sobald der Stapel genannt ist, weiß man sofort, ob er nach oben, in die Mitte oder nach unten gelegt werden muß. Soll die Karte sich im oberen Drittel befinden, muß natürlich das Päckchen nach oben. Soll sie, wie in unserem Fall, an 14. Stelle, d. h. im mittleren Drittel liegen, kommt der Stapel in die Mitte. Soll sie im unteren Drittel sein, kommt das Päckchen nach unten.

Tatsächlich ist bei Walker's Methode das Kartenausteilen nur eine Zählhilfe, um die von Professor Hoffmann vorgeschlagenenBerechnungen durchführen zu können. Wollten wir diese im Kopf rechnen, würden wir so vorgehen:

Erste Aufnahme: Man teilt die verlangte Zahl durch 3. Bleibt 1 als Rest, kommt der Stapel an die erste Stelle, bei 2 an die zweite; bleibt kein Rest, so kommt er an die 3. Stelle.

Zweite Aufnahme: Man betrachtet die 27 Karten, als wären sie in drei Gruppen zu je neun Karten aufgeteilt. Jede Gruppe wird der Reihe nach in weitere drei Untergruppen aufgeteilt. Fragen Sie sich selbst, ob die verlangte Zahl in der 1., 2. oder 3. Untergruppe des entsprechenden größeren Neuner-Stapels ist. Die Antwort gibt an, ob man den Stapel an die erste, die zweite oder die dritte Stelle legen muß.

Dritte Aufnahme: Dort wird wie oben vorgegangen.

Vielleicht haben Sie bemerkt. daß das bezeichnete Päckchen immer in die Mitte gesteckt werden muß, will man die Karte an die 14. Stelle bringen, die ja genau die Mitte des Gesamtblattes bezeichnet. Ähnlich einfache Regeln gelten, wenn man die Karte im oberen oder unteren Drittel des Spiels plazieren will. Soll sie nach oben kommen, legt man die Päckchen jeweils an die oberste Stelle. Will man die Karte nach unten bringen, legt man das Päckchen bei jedem Aufnehmen an die unterste Stelle.

Dai Vernon hat mich auf eine besondere Aufnahmemethode aufmerksam gemacht. Führt man diese schnell und wie beiläufig durch, so erweckt sie den Anschein, als würde man die Stapel immer der Reihe nach von links nach rechts aufnehmen. Dabei legt man die rechte Hand auf jeden Stapel und schiebt ihn auf sich zu bis an den Rand des Tisches. Dort gleitet er in die linke Hand, die man an die Kante hält, um die Karten aufzunehmen. Entweder läßt man den Stapel in die Hand gleiten und behält ihn dort oder man benutzt sie einfach, um den Stapel zu egalisieren. Im letzteren Fall bleiben die Karten in der rechten Hand, die sofort zurück geht, um den nächsten Stapel aufzunehmen. Diese Variante versetzt Sie in die Lage, das fragliche Päckchen an jede gewünschte Stelle bringen zu können. Nehmen wir beispielsweise an, die gewählte Karte befände sich im letzten (oder ganz rechts liegenden) Stapel. Man möchte diesen aber in die mittlere Position bringen. Dazu nimmt man den ersten Stoß, schiebt ihn an die Tischkante und läßt ihn in die linke Hand gleiten. Dann nimmt man den zweiten Stoß, beläßt ihn aber diesmal in der rechten Hand und benutzt die linke nur, um den Stapel in Form zu bringen. Die rechte Hand geht sofort zurück zum Tisch, legt das zweite auf das dritte Päckchen und bringt die Karten zurück zur Tischkante, wo sie in die linke Hand gleiten.

Sie werden sehen, daß Sie mit ein wenig Übung den bezeichneten Stapel an jede gewünschte Stelle bringen können, obwohl die Handbewegungen immer dieselben zu sein scheinen. Beim schnellen Anordnen werden nur wenige Zuschauer merken, daß man die Reihenfolge beim Aufnehmen ändert.

Die Karte nennen

Es gibt viele Verfahrensweisen, die Sie in die Lage versetzen, die gewählte Karte zu nennen. Eine besteht darin, so vorzugehen, als wolle man die Karte in eine bestimmte Position bringen. Man kann sich dann die Karte, die an dieser Stelle liegt, heimlich ansehen, bevor man den Stapel noch einmal umordnet und verdeckt auf den Tisch legt.

Wir wollen einmal annehmen, Sie beabsichtigen, die Karte an die dritte Stelle von oben zu bringen. Nach dem letzten Austeilen wissen Sie, daß sich die Karte in einem der drei Stapel an der dritten Stelle befindet. Wenn Sie diese drei möglichen Karten austeilen, können Sie sich diese entweder merken oder sie so »unordentlich« legen, daß eine Ecke, an der Sie sie erkennen können, aus dem Stapel herausschaut. Sobald jetzt der Zuschauer den Stapel nennt, in dem sich seine Karte befindet, kennen Sie diese auch schon. So kann man sowohl den Namen als auch die endgültige Lage angeben. Will man den Effekt wiederholen, bringt man die Karte an eine andere Stelle, ihren Namen kann man ja auf dieselbe Art erfahren.

Eine *zweite Methode* setzt voraus, daß die 27 Karten vor Beginn eine bekannte Ordnung haben. Dann kann man dem Zuschauer erlauben, die Stapel aufzunehmen, da die Aufnahme-Reihenfolge keinen Einfluß auf die Rechnung hat. So können Sie sich sogar bei jeder Aufnahme umdrehen. Wichtig ist nur, daß Sie wissen, in welchem Stapel *auf dem Tisch* sich die gewählte Karte nach jedem Austeilen befindet. Wieder wird besagte Tabelle benutzt. Betrachten Sie den zuerst ausgeteilten Stapel als »oben«, den zweiten als »Mitte« und den letzten als »unten«. Addieren Sie jeweils die Schlüsselzahlen, wenn der Stapel benannt ist. Die Summe gibt die Lage der Karte im *Ausgangspäckchen* der 27 Karten an. Die Ordnung merkt man sich, oder man schreibt sie auf eine kleine Karte. Jedesmal, wenn Sie sich umdrehen, während die Stapel zusammengelegt werden (das wird den Effekt deutlich steigern), können Sie einfach einen Blick auf die kleine Karte werfen.

Es soll noch erwähnt werden, daß all die in diesem Kapitel beschriebenen Effekte auch durchgeführt werden können, wenn man die Karten verdeckt statt offen austeilt. In der Tat wurde dieser Trick von Professor Hoffmann so beschrieben. In dem Fall muß man die Tabelle leicht ändern. Die Reihenfolge der Schlüsselzahlen beim zweiten Austeilen wird umgekehrt: 6, 3, 0 statt 0, 3, 6. Die anderen Zahlen bleiben unverändert. Führt man den zweiten Effekt nach Walker's Methode vor, so muß man beim zweiten Durchgang 1, 2, 3 – 1, 2, 3 – etc. zählen statt 3, 2, 1.

Werden die Karten verdeckt ausgeteilt, so muß der Zuschauer jeden Stapel aufnehmen, um nachzuschauen, ob sich seine Karte darin befindet. Sie können aber auch, wenn Ihnen das lieber ist, selbst jeden Stapel aufnehmen und die Karten so auffächern, daß die Bildseiten dem Zuschauer zugewandt sind. Dies verlangsamt zwar den Trick, macht ihn jedoch gleichzeitig noch mysteriöser, da der Zauberer zu keiner Zeit die Karten zu sehen bekommt.

Bei der Auffächerungsmethode gibt es ein geschicktes Verfahren, um den Namen der gewählten Karte zu erfahren: Man setzt den bezeichneten Stapel während der ersten beiden Aufnahmen in die Mitte. Nach dem letzten Austeilen befindet sich die gewünschte

Karte genau in der Mitte einer der drei Päckchen. Man biegt beim Auffächern der einzelnen Stapel mit dem linken Daumen heimlich die untere Ecke der Mittelkarte um. Der Fächer wird dieses Manöver vor dem Publikum verbergen, man kann dabei aber das Kartenzeichen erkennen. Deshalb weiß man sofort Name und Lage der Karte, wenn der Zuschauer angibt, er sehe sie im Fächer.

Natürlich ist es auch möglich, die Kunststücke dieses Kapitels mit 52 statt mit 27 Karten durchzuführen. Dann muß man jedoch das Spiel viermal statt dreimal austeilen. In Jean Hugard's »Encyclopedia of Card Tricks« findet man eine Methode (S. 182), mit der man in einem 52-Karten-Spiel die gewählte Karte an jede gewünschte Stelle bringen kann.

Beziehung zum Dreier-System

Mel Stover aus Winnipeg in Kanada lenkte meine Aufmerksamkeit darauf, daß man das Dreier-System auf Gergonnes Stapel-Trick anwenden kann. Um das Verfahren zu verdeutlichen, wollen wir zuerst die Zahlen des Dezimal-Systems von 0 bis 27 im Dreier-System auflisten:

Dezi-mal	Dreier	Dezi-mal	Dreier	Dezi-mal	Dreier	Dezi-mal	Dreier
0	000	7	021	14	112	21	210
1	001	8	022	15	120	22	211
2	002	9	100	16	121	23	212
3	010	10	101	17	122	24	220
4	011	11	102	18	200	25	221
5	012	12	110	19	201	26	222
6	020	13	111	20	202	27	1000

Die letzte Ziffer einer Dreier-Zahl gibt die Einer, die vorletzte Stelle die »Dreier«, die drittletzte die »Neuner« usw. an. Will man daher die Zahl 122 des Dreier-Systems in unser Dezimal-System »übersetzen«, so muß man nur die erste Ziffer mit 9, die zweite mit 3 und die letzte mit 1 multiplizieren. Dann ergibt sich als dezimales Äquivalent der Dreier-Zahl 122 $9 + 6 + 2 = 17$. Umgekehrt muß man, will man 17 im Dreier-System schreiben, diese Zahl erst durch 9 teilen

(= 1) und dann den Rest (= 8) durch 3 dividieren (= 2). Übrig bleiben die Einer (= 2). Daher lautet die Dezimal-Zahl 17 im Dreier-System 122.

Um festzustellen, wie sich das auf das Drei-Stapel-Problem anwenden läßt, wollen wir annehmen, daß die gewählte Karte an die 19. Stelle gebracht werden soll. Das bedeutet, daß sich 18 Karten über ihr befinden müssen. 18 lautet im Dreier-System 200. Die umgedrehte Ziffernfolge 002 sagt uns, wie die Stapel jeweils aufgenommen werden müssen – 0 steht für oben, 1 für Mitte, 2 für unten. Mit anderen Worten: Bei der ersten Aufnahme muß der Stapel mit der gewählten Karte nach oben, ebenso bei der zweiten Aufnahme. Bei der letzten kommt er nach unten. Dann befindet sich die Karte an der 19. Stelle von oben.

Gargantuas Zehn-Stapel-Problem

Während er über diese Zusammenhänge nachdachte, erfand Mr. Stover eine fürwahr atemberaubende Version des Tricks. Er benutzt das Dezimal-System und 10 Milliarden Spielkarten. Am einfachsten erhält man solch ein Kartenspiel, rät Stover (natürlich ist das nicht ernst gemeint), wenn man 200 Millionen Spiele mit je 52 Karten kauft und von jedem zwei Karten entfernt. Der Zuschauer mischt dieses »gargantueske« Spiel und markiert dann, während sich der Zauberer umgedreht hat, eine Karte so, daß die Bezeichnung nur bei ganz genauer Untersuchung entdeckt werden kann. Danach nennt er eine Zahl zwischen 1 und 10 000 000 000. Wenn Sie die Karten zehn mal in zehn Stapel von je 1 000 000 000 Karten ausgeteilt und wieder zusammengelegt haben, nachdem der Zuschauer gesagt hat, in welchem Stapel sich die Karte befindet, dann können Sie die Karte in die gewünschte Lage bringen.

Da bei dieser Zehn-Stapel-Version das Dezimal-System angewendet werden soll, ist es einfach anzugeben, wie die Päckchen bei jeder der zehn Anordnungen aufgenommen werden sollen. Will der Zuschauer beispielsweise, daß sich die Karte am Schluß an 8 072 489 392. Stelle befindet, so muß man 1 subtrahieren und erhält 8 072 489 391 – die Anzahl der Karten, die über der markierten liegen muß. Nimmt man jetzt die Ziffern dieser Zahl in umgekehrter Reihenfolge und denkt daran, daß 0 für »oben«, 1 für »zweite Stelle«, 2 für »dritte Stelle« usw. bis 9 für »zehnte Stelle« steht, so hat man die Reihenfolge, in der die Päckchen aufgenommen werden müssen. Nach zehn Aufnahmen sollte sich die Karte an 8072 489 392. Stelle von oben befinden.

»Man muß aufpassen, daß man sich beim Austeilen nicht verzählt«, warnt Mr. Stover in einem Brief. »Denn das würde eine Wiederholung des Tricks erfordern, und nur wenige Zuschauer werden Wert darauf legen, ihn ein zweites Mal zu sehen.«

4 Zauberei mit gewöhnlichen Gegenständen

Beinahe jeder gebräuchliche Gegenstand, der Zahlen trägt, wurde von Zauberkünstlern erfolgreich benutzt, um damit mathematische Zaubereien durchzuführen. Tricks mit Spielkarten, die größte Kategorie, wurden in den vorhergehenden Kapiteln beschrieben. In diesem und den nächsten Kapiteln wollen wir mathematische Zauberkunststücke betrachten, die sich mit anderen bekannten Gegenständen beschäftigen. Auch in diesem Fall streben wir keine erschöpfende Übersicht an, da die Effekte viel zu zahlreich sind. Wir wollen vielmehr versuchen, die auszusuchen, die besonders unterhaltsam sind und die die Vielfalt der zugrunde liegenden Prinzipien besonders gut veranschaulichen.

Würfel

Würfel sind so alt wie Spielkarten, und ihr Ursprung ist ebenso unbekannt. Es ist schon erstaunlich, daß die ersten bekannten Würfel im alten Griechenland, in Ägypten und im Orient ganz genau wie unsere modernen konstruiert waren: Punkte von 1 bis 6 waren auf den Flächen eines Würfels so angeordnet, daß die Summe zweier gegenüberliegender Seiten 7 ergab.

Vielleicht ist dies doch nicht so erstaunlich, wenn man folgendes berücksichtigt: Nur ein regelmäßiges Polyeder sichert beim Spiel jedem die gleiche Chance, und von den fünf regelmäßigen Polyedern hat der Würfel als Spielgerät klare Vorteile. Er läßt sich mit einfachen Mitteln herstellen und ist unter den fünf der einzige, der zwar leicht, aber nicht zu leicht rollt (Tetraeder und Oktaeder rollen praktisch überhaupt nicht, während Ikosaeder und Dodekaeder schon beinahe Kugelform haben und daher schnell außer Reichweite rollen). Da ein Würfel sechs Seiten hat, bieten sich die ersten sechs positiven ganzen Zahlen an, und die Siebener-Anordnung sorgt für ein Höchstmaß an Einfachheit und Symmetrie. Sie bietet natürlich die einzige Möglichkeit, die sechs Figuren paarweise so aufeinander zu beziehen, daß die Summe der einzelnen Paare die gleiche ist.

Dieses Siebener-Prinzip bildet die Grundlage der meisten mathematischen Zauberkunststücke mit Würfeln. Bei den raffiniertesten Tricks wird dieses Prinzip allerdings so kunstvoll angewandt, daß man es nicht erkennt. Ein Beispiel dafür ist der folgende, sehr alte Trick.

Erraten der Summe

Der Zauberer wendet sich ab, während ein Zuschauer drei Würfel auf den Tisch wirft. Er wird gebeten, die Augen zu addieren. Dann nimmt er *einen* Würfel auf, addiert die *unten* befindliche Zahl zu der vorherigen Summe und würfelt mit diesem noch einmal. Die Augen, die dieser Würfel jetzt zeigt, werden auch zu der Summe addiert. Der Zauberer dreht sich jetzt den Würfeln zu. Er lenkt die Aufmerksamkeit auf die Tatsache, daß er nicht wissen kann, welcher der drei Würfel ein zweites Mal benutzt wurde. Er nimmt die Würfel auf, schüttelt sie kurz in der Hand und nennt dann richtig die Endsumme.

Methode: Bevor der Magier die Würfel aufnimmt, addiert er deren Werte. Zählt er noch sieben dazu, so erhält er das Ergebnis des Zuschauers.

Ein anderer schöner Trick wurde im September 1937 von Frank Dodd aus New York in »The Jinx« veröffentlicht. Der Zauberer wendet sich ab und bittet einen Zuschauer, drei Würfel aufeinander zu legen, so daß sie einen Turm bilden. Nun soll er die Werte der Seiten addieren, an denen sich der obere und der mittlere Würfel berühren. Zu dieser Summe zählt er die Werte der Seiten, an denen sich der mittlere und der untere Würfel berühren. Schließlich fügt er noch die Augenzahl der Unterseite des untersten Würfels hinzu. Dann wird der Turm mit einem Hut zugedeckt.

Der Zauberer dreht sich wieder um und nimmt aus seiner Tasche eine Handvoll Streichhölzer und zählt sie. Es stellt sich heraus, daß ihre Anzahl genau mit der Summe der Würfelseiten übereinstimmt.

Methode: Hat der Zuschauer die Seiten addiert, so schaut der Zauberer kurz über seine Schulter, um ihm zu sagen, daß er den Turm mit einem Hut zudecken soll. Dabei betrachtet der Magier heimlich die Oberseite des obersten Würfels. Diese hat beispielsweise den Wert 6. In seiner Tasche befinden sich 21 Streichhölzer. Er nimmt alle auf, läßt aber, bevor er seine Hand aus der Tasche zieht, 6 Streichhölzer zurück in die Tasche fallen: Er läßt also so viele Streichhölzer in seiner Tasche zurück, wie der Würfelturm oben Augen zeigt. Die Anzahl der Streichhölzer in seiner Hand entspricht der Summe der fünf Seiten.

Die Tatsache, daß der Zuschauer die Seiten addiert, die sich berühren, statt die sich gegenüberliegenden jedes Würfels, soll nur verschleiern, daß von dem Siebener-Prinzip Gebrauch gemacht wird. Die Verwendung von Streichhölzern wurde von dem New Yorker Architekten und Autor des Buches »The Book of Modern Puzzles«, Gerald L. Kaufman, vorgeschlagen.

Obwohl der beschriebene Trick auf dem Siebener-Prinzip beruht, kann man die verdeckten Seiten in einem Würfelturm auch herausbekommen, wenn man sich nur zwei beliebige Seiten jedes Würfels merkt, weil die Würfelseiten auf nur zweierlei Weise numeriert sein können: Eine Seite ist das Spiegelbild der anderen, und alle Seiten sind »gegen den Uhrzeigersinn« numeriert. Das bedeutet: Hält man

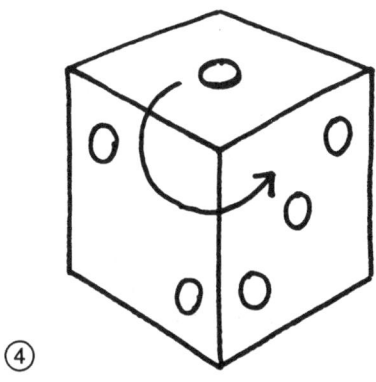

(4)

einen Würfel beispielsweise so, daß man nur die 1, 2 und 3 sieht, erkennt man die Numerierung entgegen dem Uhrzeigersinn (Abb. 4). Merkt man sich die relative Lage der Zahlen zueinander und berücksichtigt das Siebener-Prinzip, so kann man nach einem schnellen Blick auf den Würfelturm (auch wenn die oberste Zahl mit einer Münze verdeckt ist) die obersten Zahlen jedes Würfels exakt angeben. Mit einem guten visuellen Gedächtnis und etwas Übung kann der Trick erstaunlich schnell vorgeführt werden.

Die Lage angeben

Der Effekt vieler interessanter Würfelkunststücke beruht auf der Angabe, wie die Würfel gefallen sind. Das folgende ist typisch.

Während der Künstler wegsieht, wirft ein Zuschauer drei Würfel. Die oberste Zahl eines Würfels wird mit 2 multipliziert, dann 5 addiert und das Ergebnis mit 5 multipliziert. Die oberste Zahl eines zweiten Würfels wird zu diesem Ergebnis addiert, die Summe dann mit 10 multipliziert. Schließlich wird der oberste Wert des übriggebliebenen Würfels addiert. Sobald der Zauberer das Endresultat erfährt, nennt er die Augenzahlen der drei Würfel.

Methode: Er subtrahiert 250. Die drei Ziffern, aus dem das Ergebnis besteht, geben die Werte der drei Würfel an.

Das populäre Zimmerspiel, bei dem eine Gruppe mit maximal 20 Fragen zu erraten sucht, was jemand denkt, ist ein gutes Beispiel für ein allgemeines Prinzip, das vielen mathematischen Zauberkunststücken zugrunde liegt. Wir wollen es das Prinzip des schrittweisen Ausschlusses nennen. In Gergonne's Drei-Stapel-Effekt, der im letzten Kapitel erklärt wurde, wird die gesuchte Karte durch schrittweisen Ausschluß von zwei Dritteln der Karten (bis nur noch eine übrig bleibt) bestimmt. Bob Hummer beschreibt 1952 in seinem Büchlein »Three Pets« einen Würfeltrick, der auf einem ähnlichen Prinzip beruht.

Hummer's Trick geht folgendermaßen: Der Künstler sitzt an einem Tisch, wendet aber seinen Kopf so zur Seite, daß er während des gesamten Zauberkunststücks den Würfel nicht sehen kann. Jemand wirft den Würfel und legt ihn unter die gewölbten Hände des Magiers. Jetzt wird ein Zuschauer gebeten, sich eine Zahl zwischen 1 und 6 auszudenken. Der Zauberer hebt seine gewölbten Hände hoch, so daß der Zuschauer den Würfel sehen kann. Er liegt so, daß der Zuschauer drei Seiten sehen kann. Nun soll der Zuschauer sagen, ob er seine Zahl sieht oder nicht. Der Zauberkünstler stülpt wieder seine Hände über den Würfel und verändert dessen Lage. Er hebt seine Hände, und der Zuschauer sagt wieder, ob er seine Zahl auf den drei sichtbaren Seiten entdeckt. Das wird ein drittes Mal wiederholt. Noch einmal verdeckt der Magier den Würfel und richtet ihn aus. Hebt er jetzt seine Hände, so befindet sich die gewählte Zahl oben auf dem Würfel.

Methode: Mit etwas Nachdenken erkennt man, daß drei Fragen genügen, alle Zahlen außer der gewählten auszuschließen. Wenn man ein gutes visuelles Vorstellungsvermögen hat, sollte man den Trick sofort ausführen können. Die erste Frage schließt drei Würfelseiten aus. Dann muß man den Würfel so drehen, daß der Zuschauer zwei von drei möglichen Seiten sehen kann. Gleichzeitig merkt man sich die Position der dritten möglichen Seite. Sieht der Zuschauer seine Zahl nicht, so weiß man sofort, daß sie sich auf der dritten Seite befindet, und braucht die dritte Frage gar nicht erst zu stellen. Sieht er jedoch seine Zahl, so weiß man, daß sie auf einer der beiden Seiten steht. Nun ist es einfach, den Würfel so zu drehen, daß sich aus der Antwort auf die letzte Frage die Zahl ergibt.

Der Trick funktioniert unabhängig von der Anordnung der Zahlen auf dem Würfel, so daß er auch mit einem Zuckerstückchen vorgeführt werden könnte, dessen Seiten der Zuschauer mit unterschiedlichen Zahlen oder Buchstaben beschriftet. Eine andere Darbietungsform besteht darin, daß man den Zuschauer nur eine Seite markieren läßt. In diesem Fall sagt er Ihnen nur jedesmal, ob er die bezeichnete Seite sieht. Am Schluß liegt diese dann oben.

In Jack Yates' »Minds in Close-up«, veröffentlicht 1954 von Goodliffe, findet man eine Verfeinerung von Hummer's Trick, bei der ein anderes Ausschlußverfahren benutzt wird.

Dominosteine

Dominosteine wurden viel seltener als Würfel oder Spielkarten für mathematische Zauberkunststücke verwendet. Der folgende Trick ist der bekannteste.

Der Bruch in der Kette

Der Zauberer schreibt eine Zahl auf ein Stück Papier, das gefaltet und zur Seite gelegt wird. Die Dominosteine werden gemischt und, wie in einem normalen Spiel, so nebeneinander gelegt, daß die Enden zusammenpassen. Ist die Kette vollständig, werden die Nummern an beiden Enden notiert. Das Papier wird entfaltet. Auf ihm stehen die beiden Zahlen! Der Trick wird mehrmals wiederholt, jedesmal sind die Zahlen unterschiedlich.

Methode: Das Prinzip besteht darin, daß die Endsteine einer Kette bei einem vollständigen Dominospiel (gewöhnlich 28 Steine) *immer* zusammenpassen. In diesem Fall nimmt jedoch der Zauberer vor dem Trick heimlich einen Stein weg und merkt sich dessen beide

Zahlen. Diese Zahlen schreibt er als seine Vorhersage auf. Da ein vollständiges Dominospiel einen endlosen Kreis bildet, entsprechen diese Zahlen den Endzahlen der Kette. Soll der Trick wiederholt werden, so muß der Zauberer heimlich den entwendeten Stein zurücklegen und einen anderen wegnehmen. Es muß aber immer ein Stein mit *zwei unterschiedlichen Zahlenwerten* sein.

Die Reihe aus 13 Steinen

Ein anderer ausgezeichneter Dominotrick verwendet 13 Steine, die *verdeckt* in eine Reihe gelegt werden. Während der Zauberer den Raum verläßt, verschiebt jemand eine beliebige Anzahl Steine zwischen 1 und 12 *einzeln* von einem Ende der Kette auf die andere. Der Magier wird zurückgerufen. Er dreht sofort einen Stein um. Die Summe der Augen dieses Steins gibt die Anzahl der verschobenen Steine an. Der Trick kann beliebig oft wiederholt werden.

Methode: Die 13 Steine müssen soviel Augen haben, daß ihre Summen jeweils die Zahlen von 1 bis 12 ergeben. Der 13. ist blank. Sie werden so in eine Reihe gelegt, daß man die Zahlen nicht sehen kann, und zwar von links nach rechts in der Reihenfolge 1, 2, 3, 4, 5, 6, 7, 8, 9, 10, 11, 12, blank. Um zu zeigen, wie die Steine verschoben werden sollen, schiebt der Zauberer einige vom linken zum rechten Ende. Bevor er den Raum verläßt, merkt er sich die Punktzahl des *links* liegenden Dominosteins. Betritt er wieder den Raum, so zählt er im Geiste von *rechts* aus bis zu dem Stein, der an dieser Position liegt. Hatte beispielsweise das linke Stück 6 Augen, so zählt er bis zum sechsten Stein von rechts. Diesen dreht er um. Und tatsächlich: Die Gesamtaugenzahl dieses umgewendeten Steines gibt die Anzahl der heimlich von dem Zuschauer verschobenen Steine an. Für den blanken Stein gibt der Zauberer den Wert 13 an.

Bei der Wiederholung des Tricks braucht der Zauberer in Gedanken nur von dem hochgehobenen bis zum linken Stein zu zählen und dessen Wert zu ermitteln, bevor er den Raum verläßt. Will jemand den Zauberer dadurch täuschen, daß er gar keinen Stein bewegt, so erscheint beim Umdrehen der blanke Dominostein.

Kalender[*]

Die Anordnung der Zahlen auf einem Kalenderblatt hat den Stoff für viele außergewöhnliche Tricks geliefert. Die folgenden gehören zu den besten.

Magische Quadrate

Der Zauberer wendet sich ab, während ein Zuschauer einen Monat aus dem Kalender auswählt. Auf dieses Blatt zeichnet er dann ein Quadrat solcher Größe und Lage, daß es neun Zahlen enthält. Dem Zauberer wird die kleinste dieser Zahlen genannt. Nach kurzer Rechnung gibt er die Summe der neun Zahlen an.

Methode: Zu der genannten Zahl wird 8 addiert und das Resultat mit 9 multipliziert.

Viele ähnliche Tricks hat Tom Sellers in »Annemann's Practical Mental Effects« (1944) unter der Überschrift »Calendar Conjuring« (S. 117) veröffentlicht.

Gibson's eingekreiste Zahlen

Ein etwas schwierigerer Trick, den sich der New Yorker Schriftsteller Walter B. Gibson ausgedacht hat, ist ebenfalls in dem oben zitierten Buch enthalten (S. 119).

Die hier wiedergegebene Verfahrensweise unterscheidet sich leicht von der Gibson's und wurde von dem New Yorker Makler Royal V. Heath ausgearbeitet. Im März-Heft 1951 von »Hugard's Magic Monthly« findet man eine Bühnenversion dieses Effekts von dem Zauberer Milbourne Christopher.

---

[*] Gemeint sind Kalender mit Monatsblättern, auf denen die Tage jeweils einer Woche, beginnend mit dem Sonntag, nebeneinander stehen, so daß alle Sonntage, Montage usw. eine senkrechte Reihe bilden.

Der Trick beginnt damit, daß ein Zuschauer irgendein Monatsblatt im Kalender auswählt. Der Zauberer wendet sich ab und bittet den Zuschauer, in jeder der fünf waagerechten Zeilen eine beliebige Zahl einzukreisen (gibt es, was gelegentlich vorkommt, noch eine sechste Zahlenreihe, so wird diese nicht berücksichtigt). Die eingekreisten Zahlen werden dann addiert.

Noch mit dem Zuschauer zugewandten Rücken fragt der Zauberer: »Wieviele Montage haben Sie eingekreist?« Danach: »Wieviele Dienstage?« usw., bis alle Wochentage abgefragt sind. Nach der siebten und letzten Frage gibt der Zauberkünstler die Summe der fünf eingekreisten Zahlen an.

Methode: Man gibt der vertikalen Spalte, die den ersten Tag des Monats enthält, die Schlüsselzahl 75. Sukzessive erhält jetzt jede Spalte links von dieser 5 weniger (natürlich stehen links von der ersten keine Spalten, wenn der Monat mit einem Sonntag beginnt). So kann der Zauberer leicht den Schlüssel der Sonntagsspalte bestimmen, wenn er, bevor er sich abwendet, kurz auf das Kalenderblatt sieht. Beginnt beispielsweise der Monat mit einem Mittwoch, so hat der Dienstag die Schlüsselzahl 70, die Montagsspalte die 65. Die Sonntagsspalte erhält dann 60 als Schlüsselzahl. Er merkt sich nur diese 60.

Die Anzahl der eingekreisten Montage wird zu 60 addiert. Zu dieser Summe wird die mit 2 multiplizierte Anzahl der eingekreisten Dienstage addiert. Die Mittwoch-Anzahl wird mit 3 multipliziert und das Ergebnis zu der vorherigen Summe addiert. Donnerstage werden mit 4, Freitage mit 5 und Samstage mit 6 multipliziert. (Man kann die Finger zuhilfe nehmen, um sich zu merken, woran man ist.) Das Endresultat dieses Rechenvorgangs entspricht der Summe der eingekreisten Zahlen.

Stover's Vorhersage

Ein anderer genialer Kalendertrick, eine Erfindung von Mel Stover, geht folgendermaßen: Der Zuschauer bezeichnet auf einer beliebigen Kalenderseite ein Quadrat, das 16 Daten enthält. Der Zauberer schaut kurz auf das Quadrat und schreibt dann seine Vorhersage auf. Jetzt wählt der Zuschauer aufs Geratewohl vier Zahlen des Quadrates nach folgendem Prinzip aus: Erst kreist er irgendeine der 16 Zahlen ein. Die horizontale und die vertikale Spalte, die sich in dieser Zahl schneiden, werden ausgestrichen. Jetzt kreist der Zuschauer eine der restlichen, bisher nicht durchgestrichenen Zahlen ein. Wieder werden die zugehörige horizontale und vertikale Spalte ausgestrichen. Genauso wird eine dritte Zahl ausgewählt und die zugehörigen Zeilen eliminiert. Jetzt sind alle Zahlen bis auf eine ausgestrichen. Diese wird ebenfalls eingekreist. Die nunmehr vier so bezeichneten Daten werden addiert. Genau diese Summe hat der Zauberer vorhergesagt.

Methode: Der Zauberer merkt sich bei seinem Blick auf das Quadrat zwei Eckzahlen, die einander gegenüberliegen. Es spielt keine Rolle, welches Paar das ist. Diese beiden Zahlen werden addiert und die Summe mit 2 multipliziert. Das Produkt ist die Antwort.

Zur Anwendung dieses Prinzips benötigt man nicht unbedingt einen Kalender: Man zeichnet ein Schachbrettmuster aus 16 Quadraten auf und numeriert die Felder von links oben nach rechts unten von 1 bis 16 durch. Der Zuschauer wählt nach obigem Verfahren vier Zahlen aus und addiert sie. Die Summe ergibt immer 34. Das Prinzip kann natürlich auf Quadrate jeder beliebigen Größe angewendet werden.

Uhren

Die Stunden anzeigen

Für einen der ältesten Zaubertricks benötigt man als Utensilien lediglich eine Uhr und einen Bleistift. Ein Zuschauer wird gebeten, sich eine Zahl des Zifferblatts zu merken. Dann tippt der Zauberer scheinbar zufällig mit dem Stift auf einige Zahlen. Dabei zählt der Zuschauer leise mit, beginnt aber beim ersten Tippen mit seiner Zahl. Ist er bei 20 angekommen, so sagt er »Halt«. Merkwürdigerweise ruht in diesem Augenblick der Stift des Magiers auf der Zahl, die sich der Zuschauer zu Anfang gemerkt hat.

Methode: Zuerst tippt man acht Zahlen auf der Uhr ganz beliebig an. Beim neunten Tippen wird auf die 12 gezeigt. Von da an wird von der 12 aus *entgegen dem Uhrzeigersinn* auf die Zahlen gezeigt. Beim Haltzeichen des Zuschauers ruht der Stift auf der gewählten Zahl.

Man kann den Zuschauer auch auffordern, statt bei 20 bei jeder beliebigen Zahl, die größer als 12 ist, »Halt« zu sagen. Er muß aber natürlich vorher angeben, bis wohin er zählen will. Von dieser Zahl sind dann 12 zu subtrahieren. Das Resultat gibt an, wie oft man auf beliebige Zahlen zeigen kann, bevor man beginnt, von 12 ausgehend entgegen dem Uhrzeigersinn zu zählen.

Das hier vorgestellte Zeige-Prinzip kommt in Dutzenden anderer Effekte vor, von denen einige in Kapitel 6 vorgestellt werden. Eddie Joseph beschreibt in seinem Büchlein »Tricks for Informal Occasions« einen Trick mit 16 Zetteln oder Papierstreifen, der genauso wie das Uhrenkunststück funktioniert: 16 Wörter werden vom Publikum genannt. Jedes Wort wird auf einen Zettel geschrieben, den der Zauberer dann auf der Rückseite mit den Buchstaben A bis P versieht. Die Zettel werden auf dem Tisch gemischt. Der Zauberkünstler wendet sich ab, jemand wählt einen Zettel aus, merkt sich Wort und Buchstabe, mischt ihn unter die anderen und legt die Zettel wieder zurück auf den Tisch. Der Zauberer nimmt jetzt das Zettelpäckchen auf und entfächert es so in seiner Hand, daß die Wort-Seiten dem Publikum zugewandt sind. In scheinbar zufälliger Reihenfolge wirft er einen Zettel nach dem anderen auf den Tisch, während der Zuschauer leise, beginnend mit dem Buchstaben des von ihm gewählten Zettels, das Alphabet aufsagt. Erreicht er P, so ruft er »Halt«. Der Zettel, den der Zauberer gerade in der Hand hält, ist der gesuchte.

Um diesen Trick erfolgreich durchzuführen, muß man nur die Zettel, beginnend beim P, in umgekehrter alphabetischer Reihenfolge auf den Tisch werfen.

Das Geheimnis von Würfel und Uhr

Ein anderer Uhrentrick, den ich selbst erfunden habe, geht folgendermaßen: Während sich der Zauberer abwendet, wirft ein Zuschauer einen Würfel. Dann denkt er sich eine Zahl aus, möglichst unter 50, damit der Trick schneller abläuft. Angenommen, er wählt 19. Beginnend mit der Zahl auf dem Zifferblatt, die der Würfel angezeigt hat, zählt er *im* Uhrzeigersinn ab, bis er bei 19 ankommt. Die Ziffer, die er mit dem 19. Zeigen erreicht, wird aufgeschrieben. Dann geht er zum Startpunkt (der Zahl auf dem Würfel) zurück und verfährt in gleicher Weise, nur daß er diesmal *entgegen* dem Uhrzeigersinn zählt. Wieder wird die Zahl beim 19. Tippen aufgeschrieben. Die beiden Zahlen werden addiert. Die Summe wird genannt. Sofort gibt der Magier die Zahl auf dem Würfel an.

Methode: Ist die Summe kleiner als 12, wird sie halbiert und liefert das Ergebnis, ist sie größer als 12, zieht man 12 von ihr ab und teilt das Ergebnis durch 2.

Dollarnoten

Heath's Banknotentrick

Mehr als 25 Jahre lang hat Royal V. Heath einen sehr interessanten Zaubertrick vorgeführt, bei dem die Seriennummer einer Dollarnote benutzt wurde: Ein Zuschauer nimmt eine Dollarnote aus seiner Tasche und hält sie so, daß der Künstler die Seriennummer nicht sehen kann. Er wird gebeten, die Summe (Quersumme) aus erster und zweiter Ziffer zu bilden, weiter die aus zweiter und dritter, dann die aus dritter und vierter usw., bis das Ende der achtstelligen Zahl[*] erreicht ist. Zusätzlich wird noch nach der Summe aus der *letzten* und der *zweiten* Ziffer gefragt. Diese Quersummen schreibt der

[*] s. Fußnote S. 73.

Zauberer auf ein Stück Papier. Nach kurzem Kopfrechnen kann er die Seriennummer angeben. Die Formel, nach der man die Nummer ausrechnen kann, wird hier mit Zustimmung von Mr. Heath angegeben.

Methode: Man schreibt die Quersummen der ersten sieben Ziffern-Paare von links nach rechts in eine Zeile und addiert während der Niederschrift die zweite, vierte und sechste in Gedanken zu einer großen Summe. Dann erfragt man die Quersumme aus letzter und zweiter Ziffer und addiert diese zu der vorherigen (die Summe aus den drei Quersummen wird zwischenzeitlich errechnet, um die Schlußrechnung zu beschleunigen). Man hat jetzt die Summe der alternierenden Zahlen (beginnend mit der zweiten) in der Reihe der acht Summen im Kopf.

Als nächstes werden die dritte, fünfte und siebte Zahl der Summenzeile im Kopf addiert. Dieses Ergebnis wird von der ersten großen Summe abgezogen und der Rest durch 2 geteilt. Als Ergebnis erhält man die *zweite Ziffer der ursprünglichen Serienzahl.* Jetzt ist es einfach, auch die weiteren Ziffern herauszufinden: Subtrahiert man die zweite Ziffer von der ersten Summe, so erhält man die erste Ziffer der ursprünglichen Serienzahl. Subtraktion der zweiten Ziffer von der zweiten Summe führt zur dritten Ziffer. Dritte Summe minus dritte Ziffer liefert die vierte Ziffer. So geht es weiter bis zum Ende, wobei die letzte Summe nicht beachtet wird. Abb. 5 zeigt beispielhaft das Rechenverfahren.

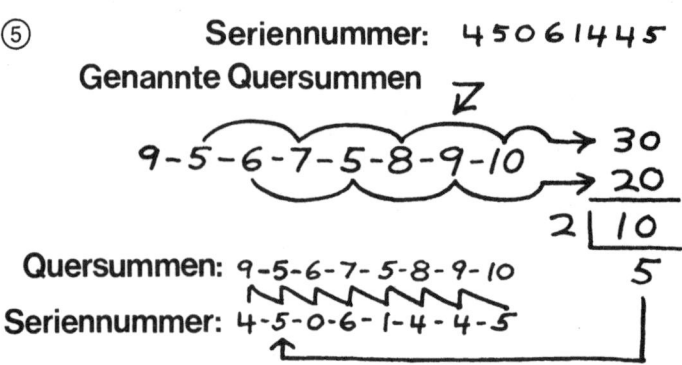

⑤   **Seriennummer:** 4 5 0 6 1 4 4 5

Genannte Quersummen

9 - 5 - 6 - 7 - 5 - 8 - 9 - 10 → 30
→ 20
2 | 10
Quersummen: 9 - 5 - 6 - 7 - 5 - 8 - 9 - 10   5
Seriennummer: 4 - 5 - 0 - 6 - 1 - 4 - 4 - 5

Diese Methode ist auf jede Zahl anwendbar, die eine *gerade* Anzahl Ziffern enthält. Deshalb eignen sich die Serienzahlen von Dollarnoten, die immer aus acht Ziffern bestehen, gut zur Vorführung dieses Tricks*.

Man kann den Trick jedoch ebenfalls auf andere Zahlenfolgen, z. B. Telefonnummern, anwenden, die auch eine *ungerade* Ziffernanzahl haben können. In einem solchen Fall müssen Vorgehensweise und Formel leicht wie folgt abgewandelt werden:

Statt am Ende nach der Quersumme aus letzter und zweiter Ziffer zu fragen, bittet man um die Summe aus der *ersten* und der *letzten* Ziffer. Um die Ausgangszahl zu erfahren, muß zunächst die Gesamtsumme aller alternierenden Zahlen (in der Summenzeile) errechnet werden, wobei man mit der *ersten* statt mit der *zweiten* Quersumme beginnen muß. Von dieser Gesamtsumme zieht man die Summe der verbleibenden alternierenden Quersummen ab. Der Rest wird durch 2 geteilt und liefert die *erste* (statt die zweite) *Ziffer der ursprünglichen Zahl* des Zuschauers. Jetzt kann man leicht die restlichen Ziffern ermitteln. Abb. 6 zeigt das Verfahren, wenn der Zuschauer die Telefonnummer 3–1–1–0–7 hat.

Es ist gar nicht notwendig, daß die Ausgangszahl nur aus einzelnen Ziffern besteht. Man kann deshalb auch eine beliebige Zahlenreihe aufstellen lassen, wobei jede Zahl beliebig groß oder klein sein kann. Man braucht auch nicht zu fragen, ob diese große Zahl aus einer geraden oder ungeraden Anzahl von Zahlen besteht. Das weiß man ja, wenn der Zuschauer mit der Nennung der Paar-Summen geendet

---

* Obwohl die Geldscheine verschiedener europäischer Währungen nicht gerade *acht* Ziffern aufweisen, braucht man auf diesen Effekt nicht zu verzichten. Martin Gardner macht ja darauf aufmerksam, daß dieses Kunststück mit jeder Zahl zu machen ist, die eine *gerade* Anzahl von Ziffern enthält. Bekommt man eine Banknote mit einer ungeraden Zahl von Ziffern gereicht – die deutschen Banknoten haben z. B. sieben Ziffern –, bittet man den Zuschauer, eine Ziffer mit Bleistift durchzustreichen. So bleiben sechs Ziffern übrig, mit denen der ursprüngliche Trick von Royal V. Heath durchgeführt werden kann. *A. A.*

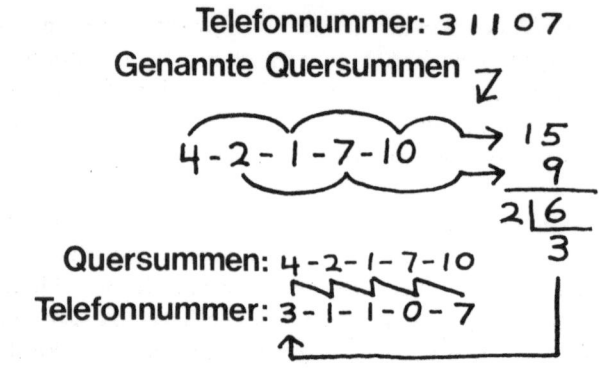

⑥

hat. Danach fragt man nach der Summe aus letzter und erster oder aus letzter und zweiter Zahl (je nachdem, ob die Ausgangszahl aus einer ungeraden oder einer geraden Anzahl von Zahlen besteht) und verfährt in der schon beschriebenen Art und Weise.

Streichhölzer

Es sind viele mathematische Zaubertricks ersonnen worden, die kleine Gegenstände als Zähleinheiten benutzen. Einige dieser Art habe ich bereits in Kapitel 1 beschrieben. Für die folgenden Effekte eignen sich Streichhölzer besonders gut, obwohl natürlich auch andere kleine Gegenstände wie Münzen, Kieselsteine oder Papierschnitzel verwendet werden könnten.

Die drei Häufchen

Der Zauberer wendet sich vom Publikum ab, während ein Zuschauer aus Streichhölzern drei Häufchen bildet. Dabei kann jede beliebige Anzahl Streichhölzer verwendet werden, es müssen nur in allen Häufchen *gleich viele* und *mehr als drei* sein. Der Zuschauer nennt eine beliebige Zahl zwischen 1 und 12. Obwohl der Zauberer die Anzahl der Streichhölzer in den einzelnen Häufchen nicht kennt, kann er doch Anweisungen geben, wie die Streichhölzer umverteilt werden müssen, damit sich zum Schluß genauso viele Streichhölzer im mittleren Häufchen befinden, wie die Zahl angibt, die der Zuschauer genannt hat.

Methode: Der Zuschauer wird gebeten, von jedem der beiden seitlichen Häufchen drei Hölzer herunterzunehmen und auf das mittlere zu legen. Dann zählt der Zuschauer die Streichhölzer in einem Seitenstapel und nimmt die gleiche Anzahl Hölzer von dem mittleren weg und legt sie auf eines der Seitenhäufchen. Bei diesem Verfahren bleiben immer neun Hölzer in der Mitte liegen. Damit ist es leicht, die richtigen Anweisungen zu geben, damit sich in der Mitte die richtige Anzahl Streichhölzer befindet.

Gedankenlesen mit Streichholzbriefchen

Ein ähnliches Prinzip liegt einem Effekt von Frederick DeMuth zugrunde, der in einer frühen Ausgabe von »The Jinx« erschien. Ein neues Streichholzbriefchen mit 20 Streichhölzern wird dazu benötigt. Während er dem Publikum den Rücken zuwendet, bittet der Zauberer einen Zuschauer, ein paar Hölzer (es müssen *weniger als zehn* sein) zu entnehmen und sie in die Tasche zu stecken. Dann zählt er die restlichen im Briefchen. Wir wollen annehmen, es sind 14. Aus dem Briefchen werden weitere Hölzer herausgezogen, die ausreichen, auf dem Tisch eine »14« zu legen, indem man links ein Holz für die erste Ziffer und rechts vier Hölzer für die zweite Ziffer hinlegt. Diese Hölzer werden aufgenommen und ebenfalls in die Tasche gesteckt. Schließlich nimmt der Zuschauer noch ein paar Streichhölzer aus dem Briefchen und hält sie in seiner geschlossenen Faust. Der Zauberer dreht sich herum, wirft einen kurzen Blick auf das Briefchen und nennt die Anzahl der Streichhölzer, die der Zuschauer in der Hand verborgen hält.

Methode: Die Anzahl Streichhölzer, die im Briefchen verblieben ist, wird von 9 abgezogen.

Vagabunden und Hühner

Ein völlig anderes Prinzip liegt einem alten Streichholzkunststück zugrunde, das gewöhnlich in Form einer Geschichte über zwei Landstreicher und fünf Hühner dargeboten wird. Der Zauberer legt fünf Streichhölzer auf den Tisch, die die Hühner darstellen. Ein einzelnes Hölzchen in jeder Hand steht für jeweils einen Landstreicher. Sie stehlen die Hühner, indem sie eines nach dem anderen fangen (*abwechselnd* nehmen die Hände ein Streichholz nach dem anderen auf). Da hören die Vagabunden den Bauer kommen und lassen deshalb die Hühner wieder frei (die fünf Hölzer werden wieder *nacheinander* auf den Tisch gelegt). Als der Bauer vorbei gegangen ist, ohne die Diebe, die sich im Gebüsch versteckt hatten, zu bemerken, schleichen sie sich wieder an die Hühner heran und fangen sie erneut (die Streichhölzer werden wieder wie vorhin aufgenommen). Da beginnt einer der Landstreicher zu nörgeln. Aus irgendeinem merkwürdigen Grund hat er nur ein Huhn erwischt (die linke Hand wird geöffnet, darin sind nur *zwei* Streichhölzer), während der andere vier gefangen hat (die rechte Hand wird geöffnet, und es erscheinen *fünf* Streichhölzer).

Methode: Werden die Streichhölzer erstmals aufgenommen, so nimmt die *rechte* Hand das erste. Beim Zurücklegen legt die *linke* Hand das erste Holz hin. Dadurch wird diese Hand geleert. Trotzdem hält der Zauberer sie geschlossen, als hielte er noch ein Holz darin. Werden die fünf wieder aufgenommen, beginnt er mit der *rechten* Hand. Dadurch hat er zum Schluß fünf Streichhölzer in der rechten und zwei in der linken Hand.

Die gestohlenen Gegenstände*

Bei einem anderen alten Streichholztrick werden 24 Hölzer auf den Tisch neben drei kleine Gegenstände gelegt, beispielsweise einen Pfennig, einen Ring und einen Schlüssel. Drei Zuschauer, die wir Nr. 1, 2 und 3 nennen wollen, werden gebeten mitzumachen. Zuschauer Nr. 1 bekommt ein Streichholz. Zuschauer Nr. 2 bekommt zwei und Zuschauer Nr. 3 drei Hölzer. Sie wenden sich nun ab und bitten jeden der drei Zuschauer, einen Gegenstand an sich zu nehmen. Die Objekte wollen wir mit A, B und C bezeichnen.

Sagen Sie demjenigen, der A nimmt, er solle außerdem noch so viele Streichhölzer wegnehmen, wie er schon hat. Demjenigen, der B nimmt, sagen Sie, er solle doppelt so viele nehmen, wie er hat. Der übriggebliebene Zuschauer nimmt C und viermal so viele Streichhölzer, wie er schon besitzt. Alle drei Zuschauer stecken ihre Streichhölzer und ihren Gegenstand in die Tasche.

Sie drehen sich jetzt wieder um, registrieren kurz, wie viele Hölzer übrig sind und sagen sofort jedem Mitspieler, welchen Gegenstand er hat.

Methode:
- Bleibt ein Streichholz übrig, so halten die Zuschauer Nr. 1, 2 und 3 die Gegenstände in der Reihenfolge A, B und C.
- Bleiben zwei übrig, so ist die Reihenfolge der Objekte B, A, C.
- Bleiben drei übrig, ist die Reihenfolge A, C, B.
- Bleiben vier übrig, muß jemand einen Fehler gemacht haben, dieses Ergebnis ist bei regulärem Verlauf nicht möglich.
- Bleiben fünf übrig, ist die Reihenfolge B, C, A.
- Bleiben sechs übrig, ist die Reihenfolge C, A, B.
- Bleiben sieben übrig, ist die Reihenfolge C, B, A.

---

* Da die Methode dieses Tricks mit Begriffen der englischen Sprache erläutert wird, die nicht adäquat übertragbar sind, drucken wir im Anschluß an die Erläuterungen der Originalausgabe ein Beispiel aus einem alten deutschen Zauberbuch ab (S. 79f.).

Dieser Trick wird in verschiedenen mittelalterlichen Abhandlungen über mathematische Unterhaltungsspiele erklärt (vgl. Ball's »Mathematical Recreations«, 1947, S. 30 ff; Mnemotechniken zur Durchführung verschiedener Abwandlungen dieses Effekts findet man in »The Magician's Own Book« S. 23 und 214). Seit 1900 wurden viele Versionen dieses Tricks mit unterschiedlichen Gedächtnishilfen in Büchern veröffentlicht oder als Einzelkunst-stücke verkauft.

Die verbreitetste Gedächtnishilfe ist eine Anzahl Wörter, in denen bestimmte Konsonanten für die drei Objekte stehen. So schlug beispielsweise Clyde Cairy aus East Lansing/Michigan vor, den Trick mit Zahnstocher, Lippenstift und Ring vorzuführen: Dabei sollte man sich die folgenden Wörter merken:

1	2	3	5	6	7
TAIL<u>O</u>R	ALTAR	TRAIL	ALERT	RATTLE	RELATE

Darin steht T für Zahnstocher (toothpick), L für Lippenstift (lipstick) und R für Ring. Alle drei Buchstaben erscheinen in jedem Wort in der Reihenfolge, die der Ordnung der Gegenstände ent-spricht. Die über jedem Wort befindlichen Zahlen geben die Anzahl der übriggebliebenen Streichhölzer an.

1951 veröffentlichte George Blake aus Leeds/England eine geistrei-che Variante des Tricks, bei der die restlichen Streichhölzer in einer Schachtel versteckt werden, während der Zauberer den Zuschauern noch den Rücken zukehrt (vgl. »The ABC Triple Divination«).

Wir beschäftigen uns hier nur mit einer vereinfachten Formel. Man bezeichnet die Gegenstände mit A, B, C und merkt sich den folgenden Satz:

1	2	3	(4)	5	6	7
ABIE'S	BANK	ACCOUNT	(SOON)	BECOMES	CASH	CLUB

Man beachte, daß jedes Wort nur zwei der Schlüsselbuchstaben enthält, der fehlende dritte muß immer *hinter* die beiden gesetzt werden. Das erste Wort liefert also AB, woran man den fehlenden Buchstaben C anhängen muß, um ABC zu erhalten. Das vierte Wort, SOON, ist nur eingefügt, damit jede Anzahl Streichhölzer mit einem zugehörigen Wort korrespondiert. Dadurch wird es einfacher, bis zum gewünschten Wort zu zählen. Da es bei regulärem Verlauf nicht möglich ist, daß vier Streichhölzer übrig bleiben, enthält SOON keine Schlüsselbuchstaben.

Oscar Weigle benutzt einen ähnlichen Satztyp. Er unterteilt die Gegenstände nach ihrer Größe in kleine, mittlere und große. Die Anfangsbuchstaben dieser (englischen) Worte, nämlich S für klein (small), M für mittel (medium) und L für groß (large), sind die Schlüsselbuchstaben in dem folgenden Satz:

1	2	3	(4)	5	6	7
S̲A̲M	M̲OVE̲S	S̲L̲OWLY	(SINCE)	M̲U̲LE	L̲O̲ST	L̲I̲MB

Wie in Blake's Satz enthält auch hier jedes Wort zwei Schlüsselbuchstaben, an die der fehlende angehängt wird.

Den Platz dreier verborgener Gegenstände zu erraten

Drei verschiedene Gegenstände werden in Abwesenheit des Ausführenden beliebig an drei Personen verteilt und errät dieser bei der Rückkehr, welche Gegenstände sich im Besitz der beteiligten Personen befinden.

Ausführung: Nachdem die drei zu verbergenden Objekte auf den Tisch gelegt sind, legt der Künstler 24 Bohnen oder dergleichen Gegenstände ebenfalls auf denselben und bittet, zu bestimmen, welche drei Personen an der Verteilung teilnehmen sollen. Nachdem dies geschehen, gibt er von den auf dem Tische liegenden 24 Bohnen der ersten Person 1 Bohne, der zweiten 2, der dritten 3 Bohnen in die Hand und begibt sich alsdann in das Nebenzimmer unter dem Ersuchen, die drei Gegenstände beliebig unter sich zu verteilen. Er selbst hat aber die Reihenfolge der Gegenstände, wie sie nebeneinander liegen, sich in das Gedächtnis geprägt und für sich mit 1, 2 und 3 bezeichnet. Er verlangt nun, daß diejenige Person, welche den ersten Gegenstand – wir wollen sagen einen Ring – an sich genommen, von den noch auf dem Tische liegenden Bohnen nacheinander so viel entnehmen möge, wie sie bereits besitzt: wer den zweiten Gegenstand genommen – es sei ein Geldstück –, soll zweimal so viel Bohnen entnehmen, wie er ursprünglich erhalten, und wer den dritten Gegenstand zu sich genommen – z. B. ein Taschenmesser –, solle viermal so viel Bohnen von den noch vorhandenen entnehmen. Wenn dies geschehen, kehrt der Künstler zurück und berechnet aus den übrig gebliebenen Bohnen, wie die Gegenstände verteilt sind. Um diese Berechnung jedoch zu vereinfachen und möglichst rasch ein Resultat abzugeben, hat er nachstehende, an sich bedeutungslose sieben Worte auswendig zu erlernen: aperit, prematir, magister, niquil, femina, vispane, vispena. Die Stellung der in jedem Worte vorhandenen Vokale a, e, i gibt alsdann die Reihenfolge der verborgenen Gegenstände an. Wenn z.B. nur eine Bohne übrig geblieben, so gilt das erste Wort, bei zwei Bohnen das zweite Wort, bei drei Bohnen das dritte Wort. Da vier Bohnen nicht übrig bleiben können, so ist dafür das Wort niquil eingeschaltet, um die Zahl, d.h. Reihenfolge der Worte mit den sonstigen übrig bleibenden Bohnen in Einklang zu bringen. Wenn also fünf Bohnen übrig bleiben, so kommt das fünfte Wort in Betracht u.s.w.

Setzen wir den Fall, die drei Personen heißen Adolf, Bernhard und Klemens, und der erste habe ursprünglich wie gesagt *eine* Bohne und der zweite *zwei* und der dritte *drei* Bohnen erhalten. Von denselben habe nun A. den Ring, B. das Geldstück, C. das Taschenmesser bei sich verborgen: dann heißt es: wer den Ring genommen, also hier A, entnehme von den Bohnen noch einmal so viel, wie er bereits besitzt, also 1 Bohne; wer das Geldstück besitzt, also B., zweimal so viel, wie er erhalten, somit 4 Bohnen; wer das Messer verborgen hat, also C., viermal so viel Bohnen, wie er anfänglich empfangen, also 12 Bohnen. A. hat demnach 2, B. 6 und C. 15, macht zusammen 23 Bohnen. Es ist soweit nur *eine* übrig geblieben, welche auf das Wort aperit hinweist. Nun folgen in demselben in diesem Falle die Vokale

a e i
1 2 3

wodurch die Reihenfolge angegeben wird. Also A. (a), welcher eine Bohne erhalten hatte, besitzt den Ring, B. (e) das Geldstück, C. (i) das Messer.

Oder: Bleiben z.B. 6 Bohnen übrig, so käme das sechste Wort vispane an die Reihe, in welchem die Vokale

i a e
3 1 2

aufeinander folgten. Demnach hätte A., auf welchen i fällt, das Messer, B. (a) den Ring und C. (e) das Geldstück.

Das Kunststück, wenn beschrieben, scheint verwickelter, als es wirklich ist, der Leser lasse sich aber dadurch nicht abschrecken, die Sache für sich selbst zu versuchen, indem er am besten die obigen Worte in der Reihenfolge untereinander schreibt und nötigenfalls die Vokale numeriert, um die Aufeinanderfolge derselben leicht zu übersehen. Es bleibt dies unbedingt eines der überraschendsten arithmetischen Kunststücke, die es gibt.

Originaltext aus: Das Zauberbuch. Bearbeitet von Alexander Heimbürger. Leipzig 1901, S. 120 ff. (zur Verfügung gestellt von A. Adrion)

Münzen

Münzen besitzen drei Eigenschaften, die in mathematischen Zauberkunststücken ausgenutzt werden: Man kann sie als Zähleinheiten verwenden, sie besitzen Zahlenwerte, und sie haben »Wappen« (»Kopf«) und »Zahl«. Hier folgen drei Zauberkunststücke, bei denen jeweils eine dieser Eigenschaften ausgenutzt wird.

Das Geheimnis der 9

Zwölf oder mehr Münzen werden in Form einer 9 auf den Tisch gelegt (Abb. 7). Während sich der Zauberer abwendet, denkt sich jemand eine Zahl aus, die größer sein muß als die Anzahl der Münzen im Schwanz der Neun. Er beginnt von unten, am Ende des Schwanzes, nach oben und *entgegen* dem Uhrzeigersinn um die 9 herum zu zählen, bis er die Zahl erreicht. Danach zählt er erneut von 1 an, wobei er mit der Münze, die er als letzte berührt hat, beginnt. Diesmal zählt er jedoch *im* Uhrzeigersinn den Kreis ab, bis er wieder die ausgewählte Zahl erreicht. Ein winziges Stückchen Papier wird unter der Münze verborgen, an der die Zählung beendet wird. Der Zauberer dreht sich um und hebt sofort diese Münze auf.

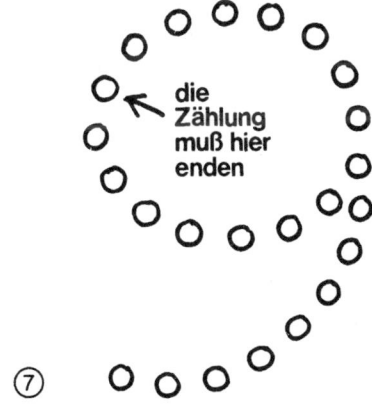

die Zählung muß hier enden

⑦

81

Methode: Die Zählung wird immer, unabhängig von der gewählten Zahl, an derselben Münze enden. Wenn Sie zu Beginn im Geist das Experiment mit einer beliebigen Zahl durchspielen, wissen Sie, welche Münze es sein wird. Wollen Sie den Trick wiederholen, so fügen Sie einige Münzen hinzu, damit die Zählung bei einer anderen Münze endet.

Welche Hand?

Ein alter Trick benutzt die Werte der Münzen und wird folgendermaßen durchgeführt: Man bittet jemanden, einen Groschen in der einen und einen Pfennig in der anderen Faust zu halten. Dann sagt man dem Zuschauer, er solle den Wert der Münze in der rechten Hand mit acht (oder einer anderen *geraden* Zahl, die man mit Vorliebe benutzt) und den Wert der anderen Münze mit fünf (oder irgendeiner anderen *ungeraden* Zahl) multiplizieren. Dann soll er die Ergebnisse addieren und sagen, ob die Summe gerade oder ungerade ist. Danach verkündet man, in welcher Hand sich welche Münze befindet.

Methode: Ist die angegebene Zahl gerade, so befindet sich der Pfennig in der Rechten. Andernfalls ist es der Groschen.

Heath's Variante

Eine amüsante Variante dieses Kunststücks gibt Royal V. Heath in seinem Buch »Mathemagic«. In dieser Version hält der Zuschauer in einer Faust einen Pfennig und in der anderen ein Fünf-Pfennig-Stück. Sie bitten ihn, die Münze in der linken Hand mit 14 zu multiplizieren. Danach fordern Sie ihn auf, dasselbe mit der anderen Münze zu machen. Danach addiert er die Ergebnisse und nennt das Resultat. Sie selbst denken dann einen Augenblick nach und erwekken dabei den Anschein, als müßten Sie schwierige Berechnungen durchführen, danach sagen Sie ihm, in welcher Hand er welche Münze hält.

Methode: Die Summe, die der Zuschauer nennt, hat nichts mit dem Trick zu tun. Sie beobachten nur, bei welcher Hand er länger rechnen muß. In dieser ist natürlich das Fünf-Pfennig-Stück.

Wappen oder Zahl?

Ein interessanter Trick benutzt die beiden Seiten von Münzen und beginnt damit, daß Sie eine Hand voll Kleingeld auf den Tisch legen. Sie wenden sich ab und bitten einen Zuschauer, eine Münze nach der anderen umzudrehen. Dabei kann er die Münzen willkürlich auswählen und auch jede Münze beliebig oft umdrehen. Jedesmal, wenn er eine Münze umdreht, soll er laut »umgedreht« sagen. Zum Schluß bedeckt er eine Münze mit der Hand. Der Zauberer dreht sich um und sagt richtig an, ob die verdeckte Münze Wappen oder Zahl zeigt.

Methode: Bevor Sie sich umdrehen, müssen Sie die Anzahl der oben liegenden Wappen zählen. Jedesmal, wenn der Zuschauer »umgedreht« sagt, müssen Sie zu dieser Zahl 1 addieren. Ist diese Summe am Schluß gerade, muß eine gerade Anzahl von Wappen oben liegen. Ist sie ungerade, muß die Zahl der Wappen ungerade sein. Betrachtet man dann die nicht verdeckten Münzen, so kann man leicht bestimmen, ob die verdeckte Wappen oder Zahl zeigt.

Natürlich kann der Trick mit allen Gegenständen durchgeführt werden, dessen beide Seiten sich unterscheiden, z. B. Kronenkorken, Papierschnipsel mit einem X auf einer Seite, Spielkarten oder Streichholzschachteln.

Eine komplizierte Variante dieses Tricks erschien 1947 in Walter Gibson's »Professional Magic for Amateurs«. Drei Stückchen Pappe werden dazu benötigt. Auf Vorder- und Rückseite wird jeweils ein farbiger Punkt gemalt, so daß man sechs Punkte unterschiedlicher Farbe erhält. Dann wird der Trick genau wie mit den Münzen durchgeführt. Will man die Farbe der verdeckten Pappe herausfinden, muß man die Pappkarten betrachten, als trügen sie Wappen und Zahl. So können beispielsweise die drei Grundfarben

Rot, Gelb und Blau als Wappen und die Sekundärfarben Grün, Orange und Purpur als Zahl angesehen werden. Man muß sich nur merken, welche Farben-Paare sich auf den Karten befinden. Das ist ganz einfach, wenn man als Paare die Komplementärfarben wählt, also Rot und Grün, Blau und Orange sowie Purpur und Gelb. Kennt man die Anzahl der »Wappen«-Farben, die zum Schluß oben liegen, kann man leicht ausrechnen, welche Farbe sich oben auf der verdeckten Karte befinden muß.

Natürlich kann man die drei Karten statt mit Farben auch mit Wörtern, Buchstaben, Zahlen, Symbolen oder ähnlichem kennzeichnen. Wenn Sie ein sehr gutes Gedächtnis haben, können Sie dem Zuschauer auch erlauben, sechs beliebige Wörter zu nennen, die Sie dann auf die sechs Seiten der Karten schreiben. Sie müssen sich dann die Wörter paarweise merken und sie außerdem jeweils in Wappen und Zahl »übersetzen«. Noch einfacher ist es, wenn man drei Wörtern den Wert 1 zuordnet und den zugehörigen Partnern den Wert 0.

Spielbretter

Hummer's Spielbrett-Trick

Meines Wissens war Bob Hummer der erste, der einen mathematischen Zaubertrick mit Hilfe eines Spielbretts vorgeführt hat. Er wurde unter dem Namen »Politicians Puzzle« verkauft und wird hier mit Hummer's Erlaubnis wiedergegeben. Die kommerzielle Version benutzt ein kleines Brett mit 6 mal 6 Quadraten, der Effekt läßt sich aber auch leicht auf einem Brett normaler Größe erzielen.

Ein Zuschauer erhält drei Steine eines Damespiels. Während sich der Zauberer abwendet, setzt der Zuschauer die drei Steine entweder in die Felder der Eckzeile, auf denen in Abb. 8 ein A steht, oder entgegengesetzt auf die drei Quadrate, die mit einem B gekennzeichnet sind. Dann buchstabiert er leise seinen Namen, wobei er bei jedem Buchstaben einen Stein bewegt. Die Bewegungen auf den

1 2 3 4 5 6 7 8

weißen Feldern können in jede Richtung erfolgen. Hat der Zuschauer den Namen buchstabiert, so kann er das Ganze wiederholen, wobei jedesmal die Steine, wie vorher, beliebig verschoben werden. Er kann die Prozedur, so oft er will, durchführen, er darf aber nur am Ende eines Buchstabierdurchgangs aufhören. Dann dreht sich der Zauberer herum, betrachtet kurz das Brett und kann angeben, ob mit den Steinen oben links oder unten rechts begonnen wurde.

Methode: Der Name, der buchstabiert wird, muß eine *gerade* Anzahl Buchstaben haben. Sind sowohl Vor- als auch Familienname des Zuschauers gerade, kann er sich aussuchen, welchen er buchstabieren will. Ist einer gerade und der andere ungerade, muß er sich für den geraden entscheiden. Sind beide ungerade, muß er den gesamten Namen buchstabieren (da die Summe zweier ungerader Zahlen immer gerade ist).

Dreht sich der Zauberer um, richtet er sein Augenmerk auf die mit *geraden* Zahlen bezeichneten senkrechten Spalten (Abb. 8 zeigt, wie die Spalten von links nach rechts durchnumeriert werden). Befindet sich in diesen Spalten eine *gerade* Anzahl von Steinen (0 zählt als gerade), dann weiß man, daß der Zuschauer *unten rechts* begonnen hat. Andernfalls hat er links oben angefangen. Hat man erst einmal das Prinzip verstanden, findet man von selbst Varianten.

Verschiedene Gegenstände

Hummer's Drei-Gegenstände-Weissagung

Ein wunderschön ausgedachter Trick, der drei kleine Gegenstände benutzt, wurde 1951 von Bob Hummer unter dem Titel »Mathematical Three-Card Monte« verkauft. Obwohl Hummer in seiner Beschreibung drei Spielkarten verwendet, ist der Effekt mit drei beliebigen Objekten durchführbar. Er wird hier mit Hummer's Erlaubnis beschrieben.

Die drei Gegenstände werden in einer Reihe auf den Tisch gelegt, ihre Lage wird mit 1, 2 und 3 bezeichnet. Diese Zahlen beziehen sich nicht auf die Objekte selbst, sondern auf deren *Position.* Der Zauberer wendet sich ab. Jetzt vertauscht der Zuschauer die Lage zweier Gegenstände, wobei er die zugehörigen Zahlen nennt. Vertauscht er beispielsweise die Gegenstände an den Positionen 1 und 3, so sagt er 1 und 3. Er fährt fort, die Objekte paarweise zu vertauschen, wobei er bei jedem Wechsel die entsprechenden Zahlen nennt. Den Vorgang kann er beliebig oft wiederholen. Dann macht er eine Pause und widmet seine Aufmerksamkeit besonders einem der drei Gegenstände und merkt ihn sich. Die beiden anderen Objekte vertauscht er, *ohne jedoch diesmal dem Zauberer die Positionen anzugeben, die von dem Tausch betroffen sind.* Anschließend fährt er fort, Gegenstände paarweise zu vertauschen. Jetzt kündigt er aber die Stellungen wieder an. Verliert er die Lust an dem Spiel, dreht sich der Zauberer um und zeigt sofort auf den gewählten Gegenstand.

Methode: Der Zauberer, mit dem Rücken zum Zuschauer, benutzt eine Hand als Zählhilfe. Drei Finger werden als 1, 2 und 3 bezeichnet. Bevor er sich jedoch umdreht, merkt er sich die Lage jedes Objektes. Wir wollen annehmen, die drei Gegenstände seien Ring, Bleistift und Münze und der Ring befinde sich in Position 1. Dann hält der Zauberer seinen Daumen an die Spitze des Fingers, der für die 1 steht.

Bei den Angaben des Zuschauers muß sich der Daumen von Finger zu Finger bewegen, *wobei er nur der Lage des Ringes folgt.* Wird also zuerst Position 1 und 3 vertauscht, so bewegt sich der Daumen zu Finger 3. Werden aber 2 und 3 ausgetauscht, so wird der Ring nicht bewegt und der Daumen bleibt an Finger 1.

Hat der Zuschauer einen Gegenstand gewählt und heimlich die beiden anderen vertauscht, sagt er seine Züge wieder an. *Der Zauberer folgt weiter dem Ring, obwohl dessen Lage sich bei dem heimlichen Tausch geändert haben kann.*

Zum Schluß ruht der Daumen an einem bestimmten Finger, z. B. an Finger 2. Der Zauberer betrachtet Position 2 auf dem Tisch. Befindet sich der Ring an dieser Stelle, so weiß er sofort, daß der Zuschauer den Ring gewählt hat, da seine Lage während des Tricks nicht verändert wurde.

Befindet sich der Ring nicht in der Position, die der Daumen angibt, schaut der Zauberer auf die beiden anderen Stellen. Dort sind natürlich der Ring und ein anderer Gegenstand. Diesen Gegenstand, der *nicht* der Ring ist, hat der Zuschauer gewählt.

Das Prinzip ist ganz einfach. Hat man den Effekt erst ein paarmal durchgespielt, entdeckt man schnell, warum er funktioniert. Bei diesem Problem handelt es sich wirklich um elementare Logik, bei der die Finger als Zählvorrichtung benutzt werden.

Der Trick ist besonders wirkungsvoll, wenn er mit drei verdeckten Karten vorgeführt wird. Man muß nur auf der Rückseite einer Karte ein geheimes Zeichen anbringen, etwa einen Bleistiftpunkt oder einen kleinen Knick an einer der Ecken. Die Lage dieser Karte verfolgt man mit den Fingern, während man mit dem Rücken zum Publikum steht. Wenn der Zuschauer eine Karte wählen soll, muß er diese natürlich aufnehmen und sich ihr Bild merken. Wenn man sich dann umdreht, kann man sofort die gewählte Karte aufnehmen, obwohl doch die Kartenbilder während der ganzen Vorführung verborgen waren.

Eine vorzügliche Variante dieses Tricks kann man an der Kaffeetafel vorführen, wenn man einen Zuschauer eine Streichholzschachtel unter eine von drei umgedrehten Tassen legen läßt, während man ihm den Rücken zuwendet, und ihn bittet, zuerst die beiden leeren Tassen zu vertauschen, ohne zu sagen, welche es sind. Danach vertauscht er willkürlich je zwei Tassen, indem er sie über den Tisch schiebt, wobei er jedesmal laut die betroffenen Positionen nennt. Wenn man sich umdreht, hebt man sofort die Tasse auf, unter der sich die Streichholzschachtel befindet, obwohl der Zuschauer selbst sie häufig schon lange aus den Augen verloren hat. Das kann man jedoch nur, wenn man vorher an einer Tasse einen kleinen Fehler oder ein anderes Erkennungsmerkmal gefunden hat, so daß man den Weg dieser Tasse mit den Fingern verfolgen kann.

Kann man, während man den Tassen den Rücken zukehrt, beobachtet werden, so steckt man die Hände einfach in die Tasche. So sieht niemand, daß die Finger als Zählhilfen dienen.

Yates' Vier-Gegenstände-Weissagung

Jack Yates beschreibt in dem früher zitierten »Minds in Close-Up« einen fesselnden Trick mit vier Streichhölzern. Auf dieses Kunststück wurde er durch den soeben erklärten Trick Hummer's gebracht. Er geht folgendermaßen: Vier Streichhölzer werden nebeneinander auf den Tisch gelegt. Drei zeigen in eine Richtung, das vierte in die entgegengesetzte, um es von den anderen zu unterscheiden. Während Sie ihnen den Rücken zuwenden, verschiebt ein Zuschauer die Streichhölzer scheinbar willkürlich.

Noch immer abgewendet, bitten Sie den Zuschauer, erst ein, dann noch eins und schließlich ein drittes Streichholz wegzunehmen. Übrig bleibt das, das in die entgegengesetzte Richtung zeigte.

Der Trick kann viele Male wiederholt werden, immer mit dem gleichen Ergebnis. Da vier beliebige Gegenstände verwendet werden können, erscheint das Kunststück an dieser Stelle und nicht in dem Kapitel über Streichholz-Kunststücke.

Methode: Die vier Streichhölzer oder Gegenstände werden auf dem Tisch in Positionen gebracht, die wir mit 1, 2, 3 und 4 bezeichnen wollen. Bitten Sie jemanden, einen der Gegenstände zu nennen. Merken Sie sich dessen Lage, bevor Sie sich umdrehen. Bitten Sie nun den Zuschauer, die Gegenstände *fünfmal* zu vertauschen, und zwar so, daß jedesmal der gewählte seinen Platz mit einem *neben* ihm befindlichen Gegenstand wechselt. Hat der bezeichnete Gegenstand die 1. oder 4. Position inne, so ist natürlich nur eine Bewegung möglich, andernfalls kann er jedoch mit seinem linken oder seinem rechten Nachbarn vertauscht werden.

Da der Zuschauer über die einzelnen Positionswechsel keine Angaben macht, erscheint es möglich, daß der gewählte Gegenstand in jede Stellung gebracht werden kann. Das ist jedoch nicht der Fall. Befand sich das Objekt zu Anfang an der Stelle 2 oder 4 (*gerade Zahlen*), so nimmt es am Schluß die 1. oder 3. Position (*ungerade Zahlen*) ein. Hingegen befindet es sich zum Schluß in der 2. oder 4. Position, wenn die Startlage 1 oder 3 war. Dieses Ergebnis erhält man immer bei einer *ungeraden* Anzahl von Vertauschungen. In dem hier beschriebenen Beispiel waren fünf Vertauschungen gefordert, man hätte jedoch ebensogut 7, 29 oder eine andere ungerade Anzahl angeben können. Bei einer *geraden* Anzahl von Zügen landet der Gegenstand zum Schluß an einer *geraden*, wenn er von einer *geraden* Position, und an einer *ungeraden*, wenn er von einer *ungeraden* Postition ausging. Man kann also auch den Zuschauer entscheiden lassen, wieviel Züge er machen will, er muß diese Zahl nur angeben. Eine Variante besteht darin, daß man ihn seinen Namen buchstabieren läßt, während er die Gegenstände vertauscht.

Nach Beendigung der Tauschaktion muß der Zuschauer angewiesen werden, nach welchem Prinzip er nacheinander drei Gegenstände wegnehmen soll, damit der richtige liegenbleibt. Dies geschieht folgendermaßen:

Liegt das Objekt auf der 1. oder 3. Position, bitten Sie, den Gegenstand auf Position 4 wegzunehmen, indem Sie, mit der entsprechenden Handbewegung, sagen: »Nehmen Sie bitte den Gegenstand an diesem Ende weg.« Danach bitten Sie darum, den gewählten Gegenstand noch einmal mit einem seiner Nachbarn zu vertauschen. *Dadurch kommt der gewählte Gegenstand immer in die Mitte zwischen die beiden anderen, die übriggeblieben sind.* Jetzt kann man ohne Schwierigkeiten angeben, welche beiden Objekte noch weggenommen werden müssen, damit das richtige übrigbleibt.

Ist jedoch der Gegenstand zum Schluß an 2. oder 4. Stelle, dann bittet man den Zuschauer, zuerst den auf Position 1 befindlichen zu entfernen. Dann muß er wieder den gewählten mit einem Nachbarn vertauschen. Wieder landet das ausgewählte Objekt in der Mitte, so daß man in der Lage ist anzugeben, welche Gegenstände als nächste zu entfernen sind.

Man kann den ersten Teil des Tricks dadurch leicht abwandeln, daß man den Zuschauer die Objekte beliebig oft vertauschen läßt. In diesem Fall muß er nur bei jedem Schritt »vertauscht« ansagen. Wie in Hummer's Trick kann man die Finger als Rechenhilfe benutzen, um die Züge zu verfolgen: Dem Zeigefinger gibt man die 1, dem Mittelfinger die 2. Ist die Ursprungslage des Gegenstandes *ungerade,* legt man den Daumen gegen den »ungeraden« *Zeigefinger;* ist sie *gerade,* so legt man ihn an den »geraden« *Mittelfinger.* Werden die Vertauschungen angezeigt, wechselt der Daumen zwischen den beiden Fingern hin und her. Liegt zum Schluß der Daumen auf dem »ungeraden« Finger, weiß man, daß der Gegenstand sich an 1. oder 3., liegt er auf dem »geraden« Finger, daß sich der Gegenstand auf der 2. oder 4. Position befindet.

Mel Stover schlägt vor, den Trick mit vier leeren Gläsern und einem Eiswürfel durchzuführen, wobei der Würfel zwischen nebeneinanderstehenden Gläsern wandert. In dieser Version kann der Zuschauer gänzlich schweigen, Sie können den Verlauf leicht am gut hörbaren Gläserklirren verfolgen.

5 Topologische Narrheiten

In den vorhergehenden Kapiteln wurden nur Tricks behandelt, bei denen die Vorgehensweise mathematischen Regeln unterlag. Nicht eingeschlossen waren Kunststücke, bei denen nur der Effekt mathematisch ist. So könnte ein Zauberkünstler etwa vier ideale Bridge-Blätter aus einem vorher gemischten Kartenspiel austeilen. Mathematisch wäre solch ein Kartentrick lediglich in dem Sinne, daß eine Unordnung auf geheimnisvolle Weise in eine Ordnung verwandelt wurde. Da man dabei jedoch nicht nach mathematischen Regeln vorgeht, sondern einfach heimlich ein Päckchen gegen ein anderes austauscht, würden wir diesen Trick nicht mathematisch nennen.

Eine ähnliche Betrachtungsweise liegt diesem Kapitel zugrunde. Eine Vielzahl von Zauberkunststücken können im weiteren Sinne topologisch genannt werden, da sie elementare topologische Gesetze zu verletzen scheinen. Einer der ältesten Zaubertricks, bekannt als das »Chinesische Ringspiel«, gehört in diese Kategorie: Sechs oder mehr Stahlringe werden auf geheimnisvolle Art dazu gebracht, sich zu verbinden und wieder zu lösen – was natürlich im Hinblick auf die Eigenschaften einfacher geschlossener gekrümmter Linien unmöglich ist. Tricks, bei denen man Ringe auf Schnüre oder Stäbe bringt, die von Zuschauern an beiden Enden festgehalten werden, oder sie von ihnen herunternimmt, kann man als magisches Verketten oder Entflechten ansehen, da Zuschauer und Schnur einen geschlossenen Kreis bilden, den der Ring durchbricht. Diese Tricks arbeiten jedoch meistens mit mechanischen Hilfen und setzen Fingerfertigkeit oder weitere magische Methoden voraus, die nichts mit Topologie zu tun haben.

Dem, was wir unter einem topologischen Trick verstehen, viel näher kommt ein Effekt, den der Zauberutensilienhandel gewöhnlich unter dem Namen »Purzelnde Ringe« verkauft. Dabei handelt es sich um eine Reihe Ringe, die auf höchst merkwürdige Weise miteinander verbunden sind. Handhabt man sie richtig, so wird der Eindruck erweckt, als purzele ein Ring oben von der Kette herunter und verbinde sich mit dem untersten Ring. Der Trick funktioniert von selbst, aber zweifellos bilden die zusammengeketteten Ringe eine komplizierte und seltsame topologische Struktur. Das »Purzeln« ist jedoch eine durch mechanische Mittel hervorgerufene optische Illusion, die nicht auf topologischen Gesetzen beruht.

Im folgenden werden wir nur Tricks beschreiben, bei denen das Verfahren topologisch genannt werden kann. Wie man aufgrund der Tatsache, daß die Topologie es mit Gegenständen zu tun hat, deren Eigenschaften sich auch bei deren stetiger Transformation nicht ändern, erwartet, beschränkt sich das weite Feld der topologischen Magie fast ausschließlich auf die Verwendung flexibler Materialien wie Papier, Stoff, Schnüre, Seile und Gummibänder.

Die afghanischen Bänder

Der bekannte »Möbius-Streifen«, benannt nach August Ferdinand Möbius (1790–1868), dem deutschen Astronomen und Pionier der Topologie*, wird seit mindestens 75 Jahren von Zauberern erfolgreich benutzt. Den frühesten Hinweis auf seine Verwendung bei einem Zauberkunststück fand ich in der 1882 erschienenen englischen Ausgabe von Gaston Tissandiers Buch »Les recréations scientifiques«, das 1881 in Paris veröffentlicht worden war. In dieser Version reicht der Zauberer einem Zuschauer drei große Papierbänder, die dadurch entstanden sind, daß man drei lange Papierstreifen an den Enden zusammengeklebt hat. Mit einer Schere halbiert der Zuschauer das erste Band *längsseits*, indem er den Streifen entlang-

---

* Ein Papierband, das um 180° verdreht und zu einem Ring zusammengefügt wird, veranschaulicht die von Möbius erstmals beschriebene einseitige Fläche.

schneidet, bis er wieder am Ausgangspunkt angekommen ist. Das Resultat sind *zwei* Bänder. Halbiert er jedoch das zweite Band auf dieselbe Art wie das erste, so erhält er zu seinem Erstaunen nur *ein* Band mit doppelt so großem Umfang. Die wie gehabt durchgeführte Halbierung des dritten Bandes führt zu einem ebenso überraschenden Ergebnis – *zwei ineinanderhängenden Papierringen*.

Das Funktionieren des Tricks hängt von der unterschiedlichen Präparierung der Bänder ab. Die Enden des ersten Streifens werden unverdreht zusammengeklebt. Der zweite Streifen bildet eine Möbiussche Fläche, die dadurch entsteht, daß man den Streifen vor dem Zusammenkleben einmal verdreht. Eine der vielen merkwürdigen Eigenschaften dieser Fläche, die nur eine Seite und eine Kante hat, besteht darin, daß sie, der Länge nach durchgeschnitten, einen einzelnen großen Ring ergibt (schneidet man statt in der Mitte nur ein Drittel der Breite vom Rand entfernt, so erhält man einen großen Ring, den ein kleinerer durchdringt). Das dritte Band wird zweimal gedreht, bevor die beiden Enden zusammengeklebt werden. Schon 1904, in Professor Hoffmann's »Later Magic«, hatte dieser Trick den Namen »Afghan Bands«. Woher die merkwürdige Bezeichnung kommt, weiß man nicht.

Mehr komödienhaft wurde dieses Kunststück in einer späteren Variante von dem Zauberer Phil Foxwell entwickelt: Der Künstler erscheint mit drei riesigen Bändern aus braunem Packpapier, die in der oben beschriebenen Weise vorbereitet sind. Sie sind etwa 20 cm breit und 4 m lang. Bei dieser Größe sind die Verdrehungen nicht erkennbar. Aus dem Publikum werden zwei Zuschauer auf die Bühne gebeten. Sie erhalten je ein Band und eine Schere. Der Zauberer setzt 20 DM als Prämie für den aus, der zuerst sein Band in zwei getrennte Ringe schneidet. Um zu zeigen, wie er es meint, schneidet er sein Band in Hälften und erhält so zwei Ringe.

Bei dem Kommando »Los!« beginnt der Wettstreit. Sobald beide fertig sind, will der Zauberer dem Gewinner den 20 DM-Schein überreichen, als er merkt, daß dieser die Bedingungen nicht erfüllt hat, da er entweder einen großen Ring oder zwei ineinanderhängende produziert hat. Daraufhin soll der Preis dem Mitspieler zugesprochen werden, doch schnell stellt sich heraus, daß er ebensowenig zwei getrennte Ringe schneiden konnte.

Etwa um 1920 herum begann Carl Brema, ein amerikanischer Zauberer, diesen Trick mit rotem Stoff statt mit Papier vorzuführen. Dadurch wurde der Effekt farbenfroher und schneller durchführbar, da die Stoffbänder in der Mitte gerissen werden konnten. Um die gleiche Zeit hatte sich in England Ted Beal eine Papier-Version ausgedacht, die mit einem einzelnen großen Band beginnt. Dieses wurde in Hälften geschnitten, wobei sich ein glatter und ein doppelt verdrehter Ring ergaben. Jedes Band wurde dann von jeweils einem Zuschauer der Länge nach durchgeschnitten, einer erhielt zwei getrennte Ringe, der andere zwei ineinanderhängende. Beal's Verfahren steht in »More Collected Magic«, das 1921 von Percy Naldrett veröffentlicht wurde.

In Amerika entwickelte der Rechtsanwalt und Amateurzauberer James C. Wobensmith aus Philadelphia, der Beal's Methode nicht kannte, ein Verfahren mit einem breiten Stoffband, das in Hälften gerissen wurde, wodurch zwei getrennte Ringe entstanden. Wurde einer der Ringe seinerseits auseinandergerissen, so ergaben sich zwei ineinanderhängende Ringe. Aus dem zweiten Ring entstand ein großer Ring. Wobensmith's Version wurde von Brema vermarktet und erstmals im Januar 1922 in »The Sphinx« angezeigt. Wobensmith selbst erklärte den Trick im September 1923 in »The Magic World« unter dem Titel »The Red Muslin Band Trick«. Wobensmith's Methode, das Band vorzubereiten, ist in Abb. 9 wiedergegeben. Nach und nach wurde das Verfahren verbessert. Abb. 10 zeigt, in welcher Form das Band heute im Handel erhältlich ist. Man kann schnelltrocknenden Kleber benutzen, um die Enden unlöslich zu verbinden.

Harry Blackstone und S. S. Henry waren die beiden bekanntesten Zauberkünstler, die den Trick von Wobensmith in ihr Bühnenrepertoire aufgenommen haben. Dargeboten wurde er als Geschichte von einem Zauberer, der in einer Karnevalsveranstaltung aufgefordert wird, Gürtel für eine korpulente Dame und siamesische Zwillinge herzustellen. Zuerst wird das rote Originalband in der Mitte auseinandergerissen, wobei zwei getrennte Ringe entstehen. Danach wird der eine geteilt, und es ergeben sich zwei ineinanderhängende »Gürtel« für die Zwillinge. Daraufhin wird der andere Ring durchgerissen, und es entsteht ein »weiter Gürtel« für die

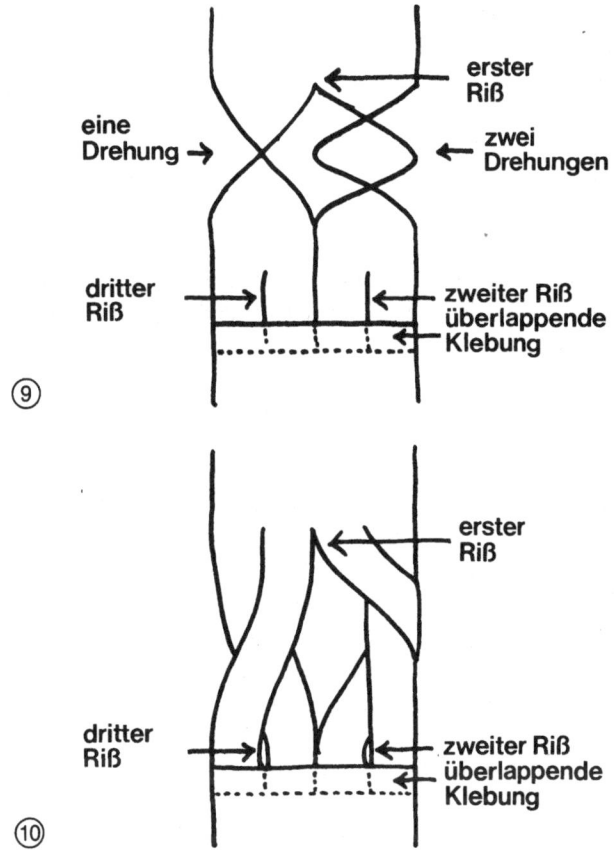

erster
Riß

eine
Drehung →

zwei
Drehungen

dritter
Riß

zweiter Riß
überlappende
Klebung

⑨

erster
Riß

dritter
Riß

zweiter Riß
überlappende
Klebung

⑩

korpulente Dame. Diese Version erschien zuerst 1928 in »The L. W. Myteries for Children« von William Larson und T. Page Wright.

1926 veröffentlichte James A. Nelson in der Dezember-Ausgabe von »The Sphinx« ein Verfahren, mit dem man ein Papierband so präparieren konnte, daß mit zwei Schnitten eine Kette aus drei verbundenen Ringen entsteht (Abb. 11). 1930 publizierte Ellis Stanyon in London eine Broschüre mit dem Titel »Remarkable Evolution of the Afghan Bands«, in der 15 Papier-Varianten

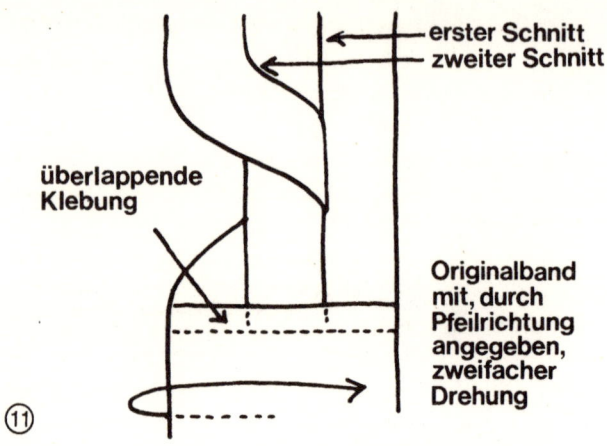

erster Schnitt
zweiter Schnitt

überlappende
Klebung

Originalband
mit, durch
Pfeilrichtung
angegeben,
zweifacher
Drehung

⑪

beschrieben sind. Die Beschreibungen wurden 1938 von John Hilliard in »Greater Magic« nachgedruckt. Jean Hugard's »Annual of Magic«, (1938–39), enthält Lester Grimes' Methode, mit der man einen Papierstreifen in eine Kette von neun Ringen auseinanderschneiden kann. Dieser Effekt wurde bis ins letzte Detail im Oktober 1949 in »Magic Wand« erläutert.

Ich selbst habe im Dezember 1949 in »Hugard's Magic Monthly« zwei interessante Stoff-Varianten beschrieben. Eine davon, deren Urheber William R. Williston ist, zeigt Abb. 12: Beim ersten Reißen ergibt sich ein großer Ring, der doppelt so groß ist wie der ursprüngliche, beim zweiten Reißen ein noch größerer, der viermal so groß ist wie der erste. Die zweite Variante habe ich selbst ausgearbeitet (Abb. 13): Beim ersten Reißen ergibt sich ein einzelnes großes Band, beim zweiten erhält man zwei ineinanderhängende Ringe.

Es lassen sich noch viele andere Kombinationen ausarbeiten. Wobensmith's gegenwärtiges Verfahren benutzt das in Abb. 14 gezeigte Band. Der erste Riß liefert zwei getrennte Bänder. Beide werden auseinandergerissen, das erste ergibt eine Kette aus drei ineinanderhängenden Ringen, das zweite wird zu einem einzigen großen Band.

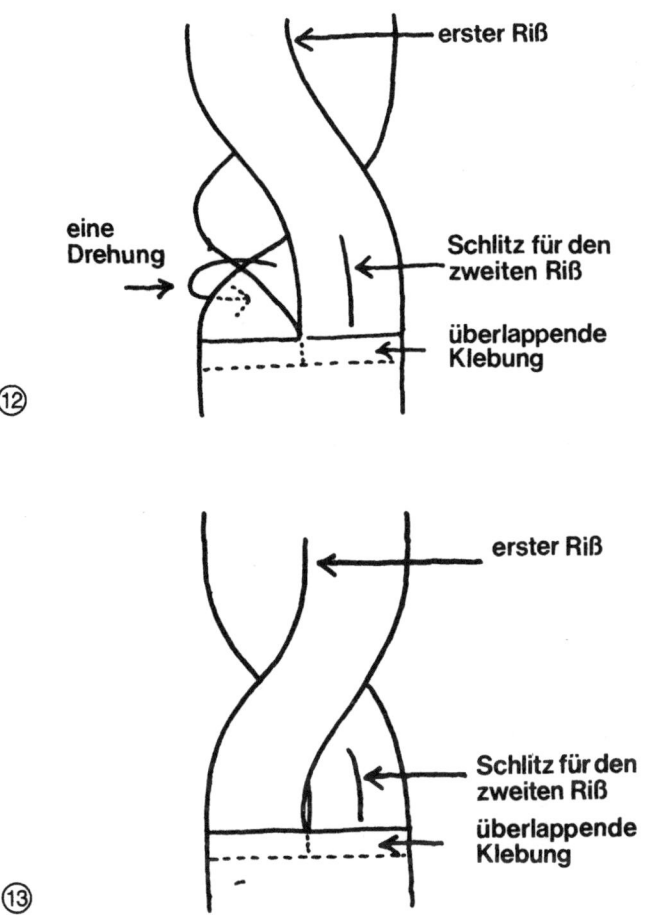

⑫ erster Riß

eine Drehung →

Schlitz für den zweiten Riß

überlappende Klebung

⑬ erster Riß

Schlitz für den zweiten Riß

überlappende Klebung

Dieses wird noch einmal in der Mitte auseinandergerissen und dadurch noch größer.

Im »Magic Wand Year Book« von 1948–49 führte Stanley Collins aus, daß, wenn man einen kleinen stabilen Ring auf einen Streifen steckt und die Enden nach dreimaligem Verdrehen verbindet, man nach dem üblichen Auseinanderschneiden oder -reißen ein großes Band erhält, das sich um den Ring wickelt.

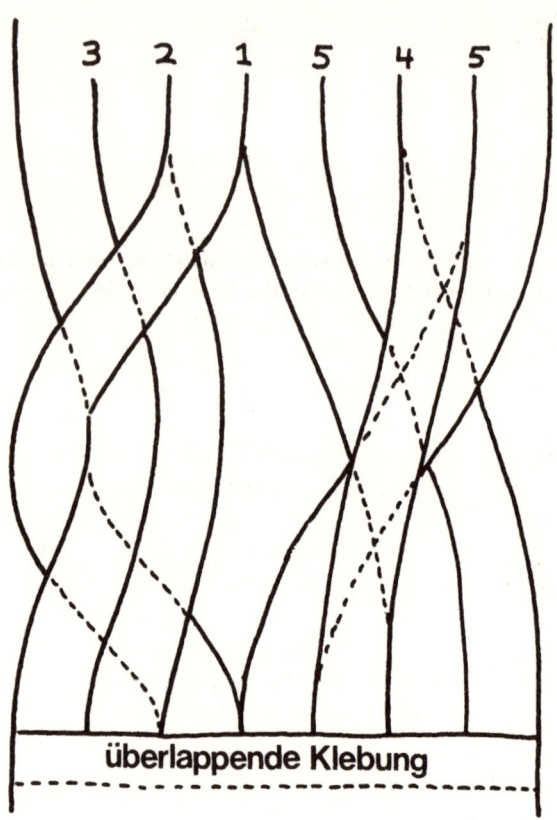

3 2 1 5 4 5

überlappende Klebung

(14)

Tricks mit Taschentüchern

Finger-Flucht

Mehr als ein Dutzend ungewöhnlicher Taschentuchtricks können als topologisch bezeichnet werden. Die folgende Version ist eines der ältesten Kunststücke dieser Art. Der Zauberer hält ein Taschentuch an zwei sich gegenüberliegenden Ecken und dreht es schnell um seine Längsachse, etwa in der Bewegung des Seilspringens. Dabei bildet sich ein verdrehtes Stoffseil. Dieses wird, wie in Abb. 15 gezeigt, über den ausgestreckten rechten Zeigefinger eines Zuschauers gelegt, dann um den Finger gewickelt. Nun legt der Zuschauer seinen linken Zeigefinger auf den rechten, und das Tuch wird fest um die beiden Finger gewickelt. Jetzt erfaßt der Künstler die Spitze des unteren Zeigefingers (Abb. 22). Dann wird der Zuschauer aufgefordert, den anderen Finger aus dem Tuch herauszuziehen. Nimmt jetzt der Zauberer das Taschentuch hoch, so löst es sich leicht von dem Finger, den er hält.

Methode: Obwohl das Tuch fest um beide Finger gewickelt zu sein scheint, wurde beim Umwickeln darauf geachtet, daß der rechte Zeigefinger des Zuschauers *außerhalb* der durch das Taschentuch gebildeten geschlossenen gekrümmten Linien blieb. Man wickelt folgendermaßen:

1. Kreuzen Sie das Tuch unter dem Finger (Abb. 16). Beachten Sie, daß das mit A markierte Ende *vorn*, Ihnen zugewandt ist. Auch während aller anderen Wickelbewegungen muß dieses Ende bei Überkreuzungen Ihnen zugewandt sein, sonst mißlingt der Trick.
2. Kreuzen Sie die Enden oben (Abb. 17).
3. Der Zuschauer legt seinen linken Zeigefinger oben auf den Kreuzungspunkt (Abb. 18).
4. Kreuzen Sie die Enden oben, passen Sie aber auf, daß das richtige Ende Ihnen zugewandt bleibt (Abb. 19).
5. Kreuzen Sie die Enden unten (Abb. 20).
6. Nehmen Sie die Enden nach oben und halten Sie sie in der linken

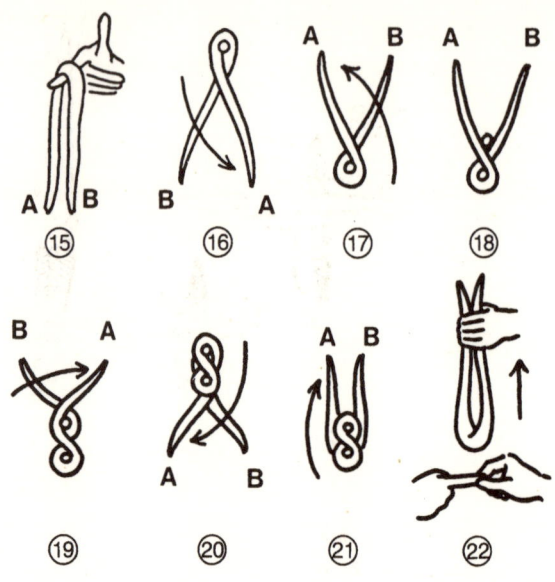

Hand (Abb. 21). Jetzt scheinen beide Finger fest zusammenge-
bunden zu sein.

7. Fassen Sie die Spitze des unteren Fingers. Der Zuschauer zieht
den anderen Finger aus dem Tuch. Heben Sie es mit der linken
Hand hoch. Das Tuch ist frei (Abb. 22).

Tabor's verknotete Taschentücher

Ein ähnlicher Trick wurde vor vielen Jahren von Edwin Tabor,
einem Zauberer aus Berkeley/Kalifornien, erfunden.

1. Zwei Taschentücher von möglichst unterschiedlicher Farbe werden zu kleinen Seilen zusammengedreht. Man hält sie in der
linken Hand (Abb. 23).

2. Die rechte Hand greift unter das dunkle Taschentuch, faßt Ende
A und dreht es einmal um das andere Taschentuch (Abb. 24).

3. Ende B des dunklen Tuches wird erst unter und dann über das
andere gelegt (Abb. 25).

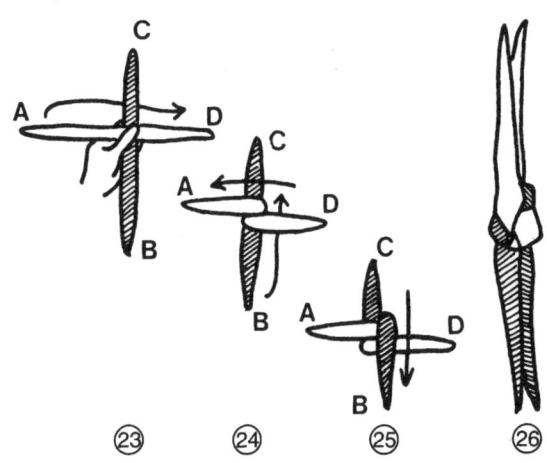

4. Die Enden B und C (dunkel) werden unten zusammengenommen und in der rechten Hand gehalten. Die Enden A und D (hell) werden oben zusammengenommen und in der linken gehalten (Abb. 26).

Die Taschentücher scheinen fest miteinander verknotet zu sein, zieht man jedoch an den Enden, so lösen sie sich leicht voneinander. Wenn große Seidentücher benutzt werden, so kann man sie *zweimal* umeinanderwickeln, dennoch lösen sie sich leicht.

Beide oben beschriebene Tricks arbeiten nach dem Prinzip, daß man mit einer Anzahl von Wickelvorgängen diejenigen sozusagen zunichte macht, die man mit einer anderen Reihe von Drehbewegungen geschaffen hat. Auf demselben Prinzip beruhen verschiedene Seilkunststücke, bei denen ein Seil um das Knie, einen Pfahl oder einen Stock geschlungen und danach wieder freigezogen wird.

1950 verkaufte Stewart Judah unter dem Titel »Judah's Pencil, Straw, and Shoestring« einen Effekt, bei dem das Wickelprinzip geschickt angewendet ist: Ein Schnürsenkel wird fest um einen Bleistift und einen Trinkhalm, die zusammengehalten werden, geschlungen. Wird der Riemen freigezogen, so durchdringt er offensichtlich den Stift und schneidet den Strohhalm durch.

Verwickelte Probleme

Ein anderes Taschentuchkunststück topologischen Charakters besteht darin, daß man jemanden auffordert, ein Taschentuch an entgegengesetzten Enden zu fassen und es in der Mitte zu knoten, ohne das eine Ende loszulassen. Dazu verdreht man das Tuch seilartig und legt es auf den Tisch. Dann werden die Arme verschränkt. Mit gekreuzten Armen beugt man sich nach vorne und nimmt mit jeder Hand ein Ende des Tuchs auf. Nimmt man jetzt die Arme auseinander, entsteht automatisch in der Mitte des Tuchs ein Knoten. Topologisch gesprochen bilden Arme, Körper und Taschentuch eine geschlossene gekrümmte Linie; das Auseinanderziehen der Arme überträgt den Knoten nur von den Armen auf das Tuch.

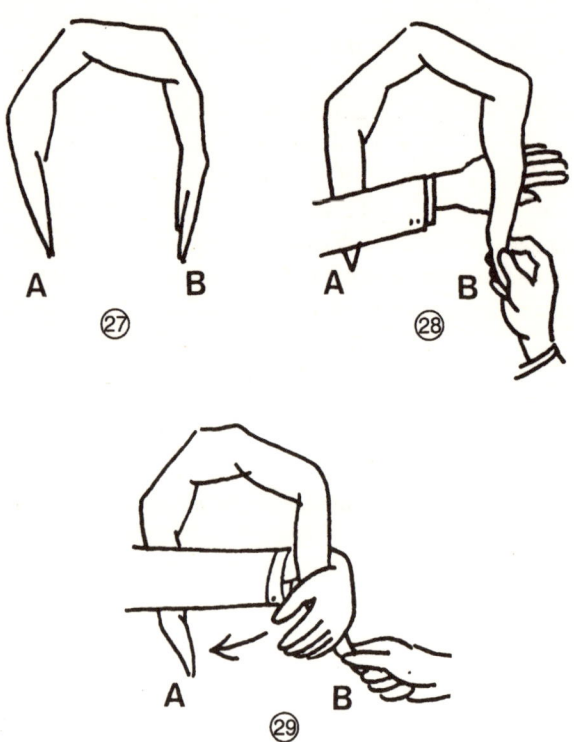

Eine unterhaltsame Variante dieses Kunststücks kann mit einem Stück Kordel oder einer Krawatte durchgeführt werden. Sie wird wie in Abb. 27 auf den Tisch gelegt. Man nimmt das Ende B mit der rechten Hand und fordert die Zuschauer auf, genau darauf zu achten, wie man einen Knoten bindet. Sie schieben jetzt Ihre linke Hand unter das Ende B, die Handfläche nach unten (Abb. 28), drehen dann die Hand zurück (Abb. 29) und nehmen das Ende A auf. Wenn Sie jetzt Ihre Hände auseinandernehmen, haben Sie einen Knoten in der Krawatte. Aus irgendwelchen Gründen ist es ungeheuer schwierig, dieser Bewegung zu folgen. Sie können den Trick beliebig oft wiederholen, jedesmal, wenn ein anderer versucht, ihn nachzumachen, bildet sich kein Knoten.

Kunststücke mit Schnur oder Kordel

Unzählige Tricks und Kunststücke mit Schnüren kann man als topologisch ansehen (eine vollständige Sammlung derartiger Tricks bietet Joseph Leeming's »Fun with String«, 1940). Die meisten verwenden eine Schnur, die an den Enden zusammengeknotet ist und somit eine einfache geschlossene gekrümmte Linie bildet. Diese Schlinge kann auf bestimmte Weise um die Finger gewickelt werden, bis man den Eindruck hat, sie sei hoffnungslos verstrickt. Mit einem Zug ist jedoch die Schnur wieder frei. Oder sie kann um den Finger eines Zuschauers, durch ein Knopfloch, um Kopf oder Fuß geschlungen und dann doch so freigezogen werden, daß es topologische Gesetze zu verletzen scheint. Man kann auch eine Schnur, auf die ein Fingerring gereiht ist, über die Daumen eines Zuschauers legen, und dann den Ring herunterziehen, ohne die Schlingen um beide Daumen zu lösen.

Strumpfbandtricks

Eine Kategorie topologischer Kordeltricks ist als »Strumpfband-
tricks« bekannt. Offensichtlich wurden sie in den Tagen, als man
noch lange Seidenstrümpfe trug, mit Strumpfbändern vorgeführt.
Zuerst legt der Zauberer das Band oben auf dem Tisch zu einem
verschlungenen Muster. Ein Zuschauer versucht, einen Finger in
eine der Schlaufen zu schieben, so daß das Band ihn umschlingen
muß, wenn der Zauberer es wegziehen will. Es gibt viele geniale
Muster, die den Zauberkünstler das Spiel kontrollieren lassen,
indem er bestimmt, ob das Band den Finger festhält oder freiläßt,
unabhängig von der Position dieses Fingers. Abb. 30 zeigt die
einfachste Version: Der Zuschauer kann sich Schlinge A oder B
aussuchen, aber unabhängig von seiner Wahl kann der Magier
bestimmen, wer gewinnt und wer verliert, durch die Art, in der er
die Enden faßt. Die Pfeile C und D bezeichnen die beiden Möglichkeiten, wie die Enden zusammengebracht werden können.

Ein solcher Strumpfbandtrick kann auch mit einem Ledergürtel
durchgeführt werden, indem man ihn doppelt nimmt, den Zeigefinger in die Schlinge steckt und mit Finger und Daumen spiralförmig
aufwickelt. Wenn das geschehen ist, versuchen die Zuschauer, die
Schlinge mit den Augen zu verfolgen. Nun soll einer von ihnen
seinen Finger dorthin stecken, wo sich seiner Meinung nach die

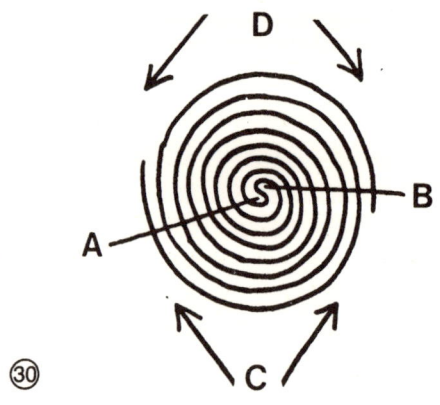

Schlinge befindet, aber immer zieht der Zauberkünstler den Gürtel frei. Wie in der Kordel-Version kann auch hier der Künstler nach Belieben den Finger des Zuschauers festhalten oder freigeben.

Kompliziertere Varianten des Strumpfbandspiels wurden sowohl in Zauberbüchern als auch in Arbeiten über Betrügereien beschrieben (vgl. das Buch von Leeming, a. a. O., S. 5, und »Criminal Investigation«, die englische Übersetzung des Buches von Hans Groß, London 1924, S. 563, sowie Dr. L. Vosburgh Lyons' subtile Variante in Bruce Elliott's »Magic as a Hobby«, S. 70).*

Das Strumpfband des Riesen

Ein kurioses Kunststück, das dem Strumpfbandtrick ähnelt, benutzt eine zusammengeknotete Schnur von 7 m Länge oder mehr. Jemand wird gebeten, die Schnur auf dem Teppich in einer beliebigen Form hinzulegen (Abb. 31). Die einzige Bedingung besteht darin, daß sie sich an keiner Stelle kreuzen darf. Ist das Muster fertig, so werden, wie in Abb. 32, die Seiten mit Zeitungen abgedeckt, so daß nur noch ein rechteckiger Ausschnitt des Musters zu sehen ist.

Jetzt legt ein Zuschauer seinen Finger an einer beliebigen Stelle in das Muster und drückt ihn fest gegen den Teppich. Die Frage ist nun: Wird der Finger des Zuschauers eingefangen oder nicht, wenn jemand eine Zeitung am Rand wegnimmt und an einem äußeren Stück Schnur diese horizontal über den Boden zieht? Die Kompliziertheit des Musters und die Tatsache, daß die äußeren Teile verborgen sind, lassen es unmöglich erscheinen zu wissen, welche Teile des Teppichs sich innerhalb und welche sich außerhalb der als geschlossene gekrümmte Linie gelegten Schnur befinden. Trotzdem

---

* In den deutschsprachigen Ländern war dieses Spiel als »Das Riemenstechen« oder auch »Das Bandspiel« bekannt. Avé-Lallemant beschreibt es in seinem Werk »Das deutsche Gaunertum«, 1858 (jetzt als Reprint wieder erhältlich). In Adrions »Die Kunst zu zaubern« (Köln 1978, S. 241) ist es als unterhaltsames Experiment mit Abbildungen mit dem Titel »Die Zauberschlinge« enthalten. *A. A.*

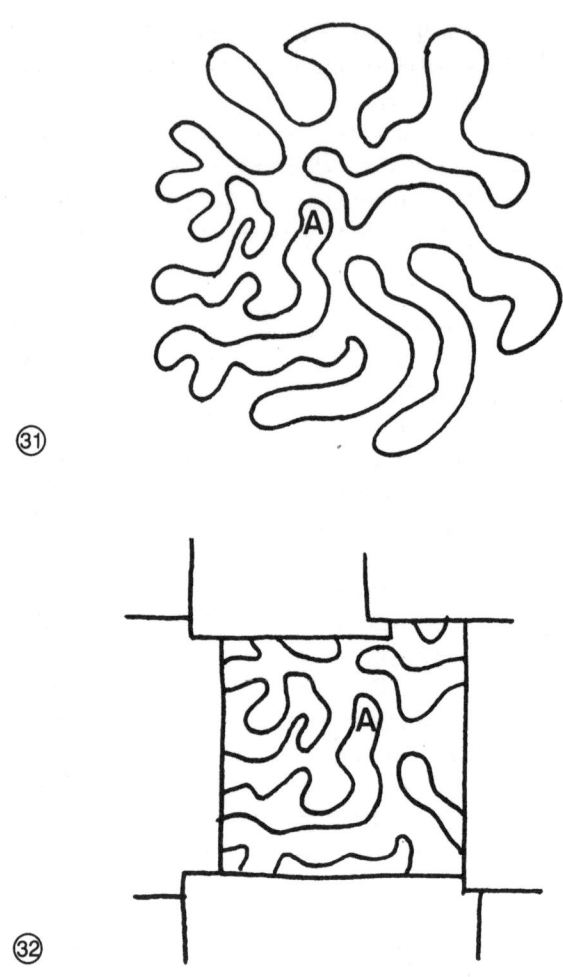

kann der Zauberkünstler bei jedem Experiment genau vorhersagen ob die Schnur den Finger einfängt oder nicht.

Eine andere Darbietungsform des Kunststücks benutzt zwölf oder mehr Hutnadeln. Der Zauberkünstler steckt sie, scheinbar willkürlich, schnell in den sichtbaren Teil des Musters, bis der rechteckige Raum mit Nadeln gespickt ist. Wird jetzt die Schnur über den Teppich gezogen, läßt sie alle Nadeln frei. Man kann auch eine Nadel, die man anders färbt, so plazieren, daß alle anderen freigezogen werden bis auf diese eine, die eingefangen wird. Eine andere Variante besteht darin, daß alle Nadeln *innerhalb* der als geschlossene gekrümmte Linie gelegten Schnur gesteckt werden. In diesem Fall bildet die Schnur beim Wegziehen eine Schlinge, die alle Nadeln umgibt.

Diese Kunststücke sind aufgrund einiger weniger einfacher *Regeln* möglich. Liegen zwei Punkte eines Musters innerhalb eines geschlossenen Rings, so wird eine *gedachte* Linie, die beide Punkte verbindet, immer eine *gerade* Anzahl Schnur-Teile überqueren. Sind beide Punkte außerhalb der Schlinge, gilt dasselbe Gesetz. Befindet sich ein Punkt aber drinnen und einer draußen, so wird eine Verbindungslinie immer eine *ungerade* Anzahl Schnur-Teile schneiden.

Wenn die Zeitungen ausgelegt werden, verfolgen Sie mit den Augen die Windungen der Schnur von außen nach innen – wie bei einem Labyrinth – und merken sich in der Mitte eine Stelle, an die Sie sich leicht erinnern können, z. B. Raum A in Abb. 31. Von diesem Raum wissen Sie, daß er außerhalb der geschlossenen gekrümmten Linie liegt. Wenn das Papier ausliegt, können Sie leicht feststellen, ob ein gegebener Punkt außerhalb oder innerhalb dieser Linie liegt. Sie müssen von dem fraglichen Punkt nur eine imaginäre Linie (sie muß nicht gerade sein, aber eine Gerade kann man sich natürlich am leichtesten vorstellen) zu dem Punkt ziehen, von dem Sie wissen, daß er außerhalb liegt. Dann brauchen Sie nur noch nachzuzählen, ob diese Linie eine *gerade* oder eine *ungerade* Anzahl Schnur-Teile kreuzt.

Jetzt sollte das *Prinzip aller Varianten* klar sein. Ein Dutzend Nadeln läßt sich schnell *außerhalb* der in sich geschlossenen gekrümmten Linie plazieren, wenn man die erste außerhalb dieser Linie befestigt und dann in Gedanken zwei Schnur-Teile überquert und die nächste Nadel dort befestigt. Man überquert wieder zwei Schnur-Teile und steckt die dritte Nadel ein usw. Will man eine einzige Nadel umschlingen, so kreuzt man bei dieser Prozedur einmal nur einen Schnur-Teil, bevor man die Nadel in den Teppich drückt. Natürlich kann man ebenso schnell alle Nadeln *innerhalb* der geschlossenen gekrümmten Linie plazieren.

Man kann es auch riskieren, sich abzuwenden, bis das Muster gelegt ist und die Zeitungen seinen Rand abdecken. In den meisten Fällen kann man noch die außerhalb liegenden Flächen ausmachen, wenn man an den Rändern nach den sie eingrenzenden Schnur-Teilen sucht, die leicht konkav zueinanderliegen. Solche Schnur-Teile umgeben gewöhnlich eine *außerhalb* der geschlossenen gekrümmten Linie liegende Fläche. Konvex zueinanderliegende Schnur-Teile schließen umgekehrt gewöhnlich *innen* liegende Räume ein. Trotzdem sind diese beiden Regeln nicht in jedem Fall zuverlässig. Wenn es nicht gelingt, heimlich einen Blick auf das Muster zu werfen, bevor die Zeitungen gelegt sind, setzt man die Nadeln, ohne vorher anzukündigen, was man vorhat. Wird jetzt an der Schnur gezogen, so werden entweder alle Nadeln frei oder sie befinden sich alle innerhalb der geschlossenen Linie, beide Effekte sind in gleichem Maße verblüffend.

Ein ähnlicher Trick kann mit Papier und Bleistift durchgeführt werden. Lassen Sie jemanden eine komplizierte, in vielen Windungen verlaufende, *geschlossene* Linie auf ein Blatt Papier zeichnen (die Linien dürfen sich natürlich nicht kreuzen) und ihn dann die vier Seiten so nach innen falten, daß nur ein rechteckiges Segment sichtbar bleibt. (Abb. 33). Bitten Sie ihn, an sechs Stellen im Muster Kreuze zu machen. Dann nehmen Sie den Stift und kreisen rasch all die Kreuze ein, die innerhalb der Linie liegen. Jetzt werden die Seiten entfaltet, und Ihre Auswahl erweist sich als richtig.

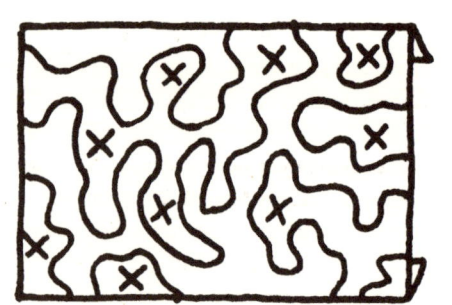

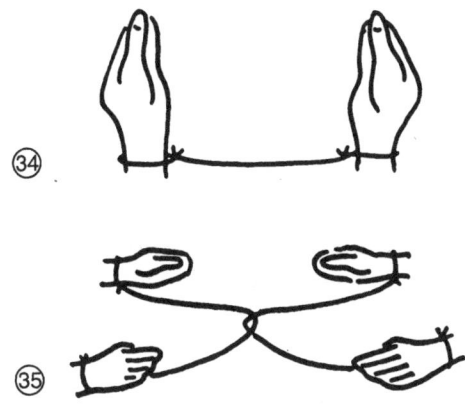

Weitere Kunststücke

Eine weitere Kategorie topologischer Kordeltricks beschäftigt sich damit, die Handgelenke mit einem einzigen Stück Kordel zu fesseln, wie Abb. 34 zeigt. Man kann die Kordel mit einem einfachen Knoten schließen oder sie in Form einer 8 verknoten. Dann ist es möglich, ein Gummiband auf die Kordel aufzuziehen oder herunterzuziehen, ohne daß man die Kordel aufschneiden oder aufknoten muß. Sind zwei Personen wie in Abb. 35 »aneinandergekettet«, so kann man die Kordel so manipulieren, daß das Paar getrennt werden kann. Ein amüsanter Party-Spaß besteht darin, daß man alle Leute, die sich in einem Raum befinden, paarweise aneinanderbindet und einen Preis für das Paar aussetzt, daß sich zuerst befreien kann. Die gefesselten Paare werden die merkwürdigsten Verrenkungen machen, um voneinander los zu kommen, aber ihre Anstrengungen werden umsonst sein.

Die *Lösung* solcher Aufgaben beruht darauf, daß die von Kordel, Armen und Körper gebildete Kreisform nicht aus einer wirklich geschlossenen Linie besteht, da sie an den Handgelenken unterbrochen ist. Der Knoten wird gebildet, indem man eine Kordelschleife unter dem Gummiband, das eins der Handgelenke umschließt, hindurchschiebt, sie einmal verdreht, sie dann über die Hand zurückbringt, wieder unter dem Band durch und noch einmal über die Hand steckt.

Der Knoten in Form einer 8 wird ebenso gebildet, man verdreht jedoch die Schlinge zweimal.

Das Gummiband wird auf die Kordel gereiht, indem man es über die Hand zieht, es unter die Kordel schiebt, so daß es das Gelenk umschließt, und es dann über die Hand auf die Kordel schiebt. Herunter bekommt man es natürlich, wenn man alle Bewegungen in umgekehrter Reihenfolge durchführt.

Die gefesselten Personen werden auf ähnliche Weise getrennt, indem man die Mitte der einen Kordel unter der Schnur, die das Handgelenk der anderen Person umschließt, hindurchschiebt, sie über dessen Hand und dann wieder unter der Schnur hindurchstreift.

Ein sehr alter Trick mit drei Perlen und zwei Kordelstücken, dessen Prinzip auch vielen anderen Kunststücken mit Bändern und Schnüren zugrunde liegt, ist in der Zauberwelt als »Großmutters Halsband« bekannt. Zuerst werden die Perlen auf die beiden Kordelstücke aufgezogen. Zieht ein Zuschauer an den Enden, fallen sie in die Hand des Zauberers.

Abb. 36 zeigt im Querschnitt, wie die Perlen aufgereiht werden. Die beiden Kordeln scheinen durch alle Perlen zu gehen, in Wirklichkeit sind aber beide Kordelstücke doppelt genommen und gehen, wie in der Abbildung gezeigt, wieder zurück. Zwei Kordelenden sind gekreuzt (Abb. 37). Wird an den Enden gezogen (Abb. 38), so fallen die Perlen von der Schnur.

Eine Reihe Tricks, bei denen eine Schnur durchgeschnitten und wieder in den ursprünglichen Zustand versetzt wird, haben topologische Aspekte, ebenso wie die vielen seltsamen Methoden, mit denen man Knoten schlingen und wieder lösen kann, während offensichtlich beide Enden der Schnur die ganze Zeit festgehalten werden.

Ein Knoten, genannt der Chefalo-Knoten, ist typisch für Dutzende falscher Knoten, die von Zauberern erfunden wurden. Er

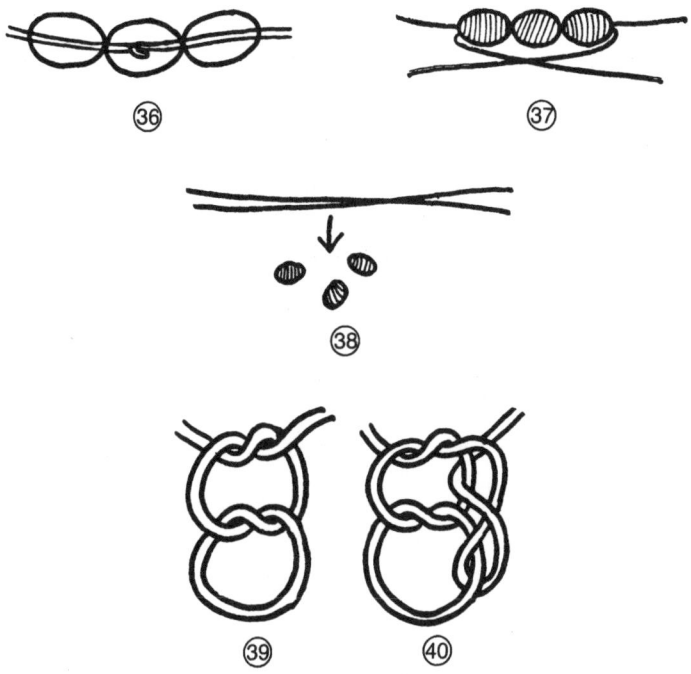

beginnt mit einer 8 (Abb. 39). Ein Ende der Schnur wird ein- und wieder herausgeschlungen (Abb. 40). Zieht man an den Enden, löst sich der Knoten sofort.

Eine exzellente Sammlung von Zauberknoten findet man in »The Ashley Book of Knots« von Clifford W. Ashley aus dem Jahre 1944. Milbourne Christopher, ein Zauberer, der routinemäßig Seilknoten in seiner Nachtklub-Vorstellung zeigte, benutzte viel Material aus diesem erschöpfenden Werk. Andere ungewöhnliche Knotentricks, wie auch viele andere Schnurkunststücke mit topologischer Grundlage findet man in der 1945 veröffentlichten überarbeiteten Ausgabe von Stewart James' »The Encyclopedia of Rope Tricks«.

Kleidungsstücke

Drei unterhaltsame topologische Zauberkunststücke benutzen eine Herrenweste. (Topologisch gesehen ist eine Weste eine zweiseitige Fläche mit drei nicht verbundenen Rändern, von denen jeder eine in sich geschlossene gekrümmte Linie bildet. Zugeknöpft wird sie zu einer zweiseitigen Fläche mit vier solchen Rändern.)

Die verwirrende Schlinge

Ein Mann mit Weste wird gebeten, seine Jacke auszuziehen. Nachdem eine Schlinge über seinen Arm gelegt worden ist, steckt er, wie in Abb. 41, seinen Daumen in die untere Westentasche. Jetzt versuchen andere Zuschauer, die Schlinge zu entfernen, ohne daß der Daumen herausgezogen wird. Das Geheimnis besteht darin, daß man die Schlinge durch das Armloch der Weste stecken und dann über den Kopf streifen muß. Dann wird sie durch das andere Armloch gesteckt und über den Arm geschoben. Jetzt umschließt die Schlinge unter der Weste die Brust. Sie wird nach unten geschoben, bis sie unter der Weste hervorkommt und auf den Boden fallen kann.

Die gewendete Weste

Ein Mann mit Weste zieht seine Jacke aus und faltet die Hände. Kann man das Futter der Weste nach außen wenden, ohne daß er seine Hände trennen muß? Es geht – bei offener Weste, indem sie so über den Kopf gezogen wird, daß sie auf seinen Armen hängt. Jetzt wendet man durch die Armlöcher das Futter nach außen und zieht die Weste wieder über den Kopf.

Erstaunlicherweise ist dasselbe Kunststück auch bei geschlossener Weste topologisch möglich, die einzige Schwierigkeit liegt darin, daß die zugeknöpfte Weste zu eng sitzt, um sie über den Kopf ziehen zu können. Mit einem ärmellosen Pullover kann man das Kunststück jedoch auf die gleiche Weise durchführen. Am besten probiert man den Trick bei sich selbst. Man muß nur die Hände an den Gelenken im Abstand von etwa 30 cm – damit man genug Bewegungsfreiheit hat – zusammenbinden. Sie werden sehen, wie einfach es ist, den Pullover über den Kopf zu ziehen, durch die Armlöcher die Innenseite nach außen zu kehren und ihn wieder über den Kopf zu ziehen.

Selbst wenn man über der Weste eine Jacke trägt, und die Hände verbunden sind, kann man die Weste immer noch wenden. Man muß die Jacke zuerst über den Kopf ziehen und sie an den Armen herabhängen lassen. Mit der Weste wird dann wie oben verfahren. Sitzt die gewendete Weste wieder da, wo sie hingehört, wird die Jacke wieder zurück über den Kopf gezogen.

Ausziehen der Weste

Ein Mann kann seine Weste ausziehen, ohne vorher die Jacke abgelegt zu haben. Die einfachste Methode ist folgende: Knöpfen Sie zuerst die Weste auf. Ziehen Sie dann die linke Seite seiner Jacke von außen in das linke Armloch der Weste hinein. Ziehen Sie das Armloch über seine linke Schulter und dann den linken Arm hinunter. Das Loch wird jetzt die Jacke hinter der linken Schulter umgeben. Setzen Sie ihr Werk fort, indem sie das Armloch um den Körper herumziehen – um die rechte Schulter und den rechten Arm

– bis sie es endlich an der rechten Seite der Jacke frei bekommen. Mit anderen Worten: Das Armloch umkreist den gesamten Körper.

Jetzt hängt die Weste auf der rechten Schulter unter der Jacke. Drücken Sie dann die Weste halb in den rechten Jackenärmel hinein. Ziehen Sie den Ärmel hoch, fassen Sie die Weste und ziehen Sie sie durch den Ärmel.

Gummiringe

Wir haben schon einen Trick beschrieben, bei dem ein elastisches Band von einer Schnur gezogen wurde, die beide Handgelenke verband (S. 109f.). Hier sind zwei weitere topologische Kunststücke dieser Art.

Der springende Gummiring

Legen Sie einen Gummiring um den Zeigefinger (Abb. 42). Schlingen Sie das andere Ende von unten um den Mittelfinger (Abb. 43) und stecken Sie es noch einmal über den Zeigefinger (Abb. 44). Vergewissern Sie sich, daß das Gummiband genau, wie gezeigt, um die beiden Finger geschlungen ist. Bitten Sie jemanden, die Spitze ihres Zeigefingers festzuhalten.

Sobald er den Finger ergriffen hat, beugen Sie Ihren Mittelfinger (Abb. 45). Sitzt der Ring richtig, so wird ein Stück des Gummirings vom Ende des Mittelfinger rutschen. Dabei springt er elastisch, wodurch er sich vollständig vom Zeigefinger löst und frei am Mittelfinger hängt.

Dieses kleine Kunststück hat Frederick Furman, ein New Yorker Amateurzauberer, erfunden und im Januar 1921 in »The Magical Bulletin« beschrieben.

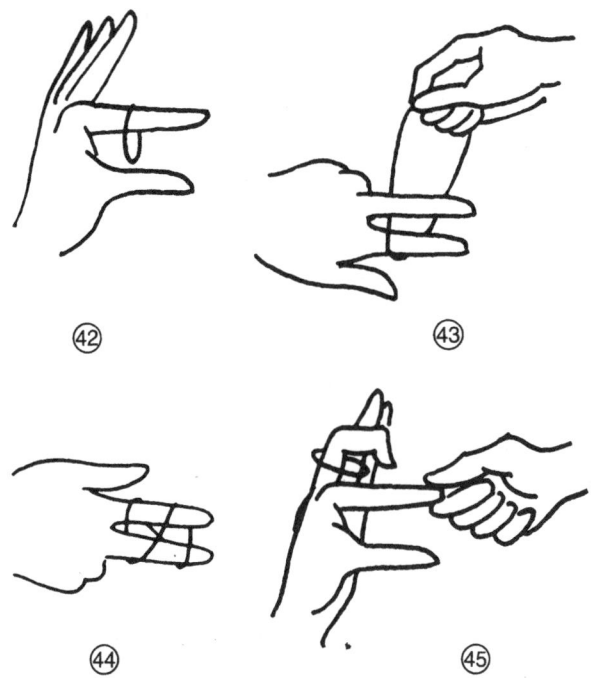

42　43

44　45

Das verdrehte Gummiband

Ein anderes ungewöhnliches Zauberstück mit einem Gummiband erläuterte Alex Elmsley am 8. Januar 1955 in der britischen Zauberzeitschrift »Abracadabra«. Man benutzt ein großes breites Gummiband und hält es wie in Abb. 46. Dreht man Daumen und Finger der rechten Hand in die durch die Pfeile angezeigten Richtungen, wird das Band zweimal verdreht.

Bitten Sie jemanden, das Band von Ihnen zu übernehmen, indem er es genauso faßt, wie Sie es halten. Mit anderen Worten: Daumen und Zeigefinger seiner rechten Hand nehmen das Band oben von Ihrem rechten Daumen und rechten Zeigefinger; ähnlich übernimmt seine Linke das untere Bandende von Ihrer linken Hand (Abb. 47).

Fordern Sie ihn jetzt auf, die Verdrehungen des Gummibandes rückgängig zu machen, indem er die Stellung seiner Hände verändert. Er darf natürlich die beiden Enden nicht loslassen. Egal, wie er

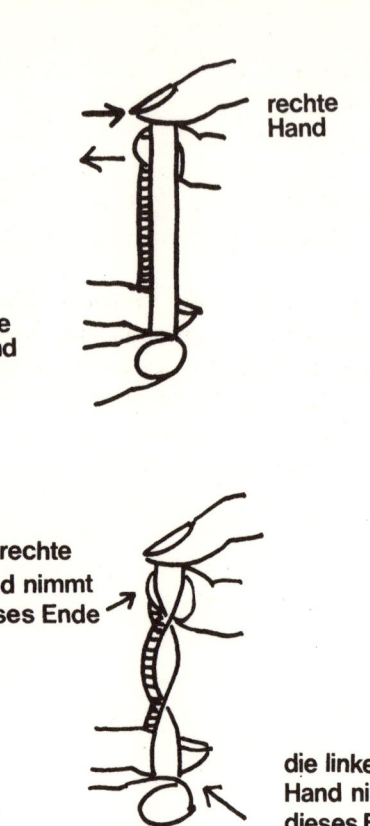

rechte
Hand

linke
Hand

46

die rechte
Hand nimmt
dieses Ende

die linke
Hand nimmt
dieses Ende

47

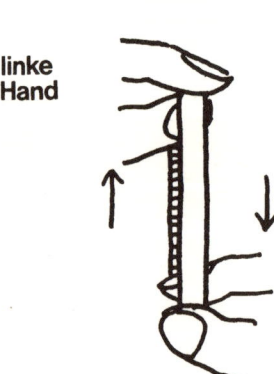

linke
Hand

rechte
Hand

48

seine Hände bewegt, er wird feststellen, daß es unmöglich ist, das Band zu entwirren.

Übernehmen Sie jetzt vorsichtig das Band wieder von ihm und halten Sie es wie zu Anfang. Senken Sie dann ganz langsam Ihre rechte Hand und heben Sie die linke, wie in Abb. 48 dargestellt. Dabei lösen sich die Verdrehungen auf geheimnisvolle Weise auf.

Topologisch gesehen geschieht folgendes: Das verdrehte Band bildet zusammen mit Ihren Armen und dem Körper eine Struktur, die es gestattet, die Verdrehungen leicht rückgängig zu machen. Übernimmt der Zuschauer das Band von Ihnen, werden Rechts und Links nur eines *Teils* der Struktur vertauscht. Dadurch unterscheidet sie sich topologisch von der ursprünglichen.

6 Tricks, die eine spezielle Ausrüstung erfordern

Vor 1900 war Zauberei eine höchst esoterische und selten praktizierte Kunst. Im Laufe dieses Jahrhunderts und besonders in den beiden letzten Jahrzehnten ist – vor allem in den Vereinigten Staaten – die Anzahl der Amateure, die Zauberei als Hobby erwählt haben, ungeheuer gewachsen. Gleichzeitig mit dem dadurch wachsenden Bedarf an Zauberutensilien entstanden viele Lieferfirmen für Zaubereibedarf. Die Kataloge großer amerikanischer Firmen umfassen mittlerweile mehr als 500 Seiten. Alleine in den letzten Jahren wurden Tausende neuer Tricks erfunden und zum Verkauf angeboten, die alle speziell dafür hergestellte Hilfsmittel brauchen.

Natürlich haben davon nur sehr wenige Tricks mathematischen Charakter. Von Zeit zu Zeit entwickeln jedoch mathematisch denkende Zauberer Apparate, die nach mathematischen Prinzipien arbeiten. Von diesen habe ich ein paar besonders interessante Beispiele ausgewählt. In den meisten Fällen kann die Ausrüstung vom Leser selbst hergestellt werden.

Zahlenkarten

Ich weiß nicht, wann das erste Ausrüstungsstück für mathematische Zaubereien aufkam oder was es war; sicherlich gehören jedoch Karten, die zur Bestimmung des Alters einer Person oder einer von ihr erdachten Zahl dienen, zu den ältesten Tricks dieser Art.

Für die einfachste Version wird eine Anzahl Karten benötigt (normalerweise sechs oder mehr), auf denen jeweils eine Reihe von

Zahlen steht. Eine Person sieht sich die Karten an und übergibt dem Zauberkünstler alle, die die Zahl aufweisen, die er sich ausgedacht hat.

Wenn der Zauberer sich diese Karten ansieht, kann er die Zahl nennen. Er erhält sie durch die Addition der niedrigsten Zahlen jeder Karte. Da die Zahlen gewöhnlich in aufsteigender Reihenfolge, von niedrigen zu hohen, angeordnet sind (damit der Zuschauer leichter feststellen kann, ob seine Zahl sich auf der Karte befindet), sieht man diese Schlüsselzahlen mit einem Blick. Sie beginnen mit 1 und fahren dann in der Folge fort, die man erhält, wenn man die jeweils vorherige Zahl verdoppelt. Werden sechs Karten benutzt, so sind die Zahlen also 1, 2, 4, 8, 16 und 32. Die verschiedenen Kombinationen dieser Karten führen zu Summen zwischen 1 und 63. In einigen Versionen hat jede Karte eine andere Farbe. Das ermöglicht dem Zauberer, der sich die zu den Farben gehörenden Schlüsselzahlen gemerkt hat, sich irgendwo im Raum aufzuhalten, während der Zuschauer die Karten sortiert; und er kann die ausgewählte Zahl nennen, ohne die Vorderseiten der Karten gesehen zu haben.

Fensterkarten

Eine etwas kompliziertere Version ist in Abb. 49 gezeigt. Sie benutzt eine »Fenster«-Anordnung, um die Schlüsselzahlen zu erhalten. Der Zauberer legt alle Karten, die die gedachte Zahl enthalten, zusammen und oben auf den Stapel die Zauberkarte (die oberste der Abbildung). Addiert er die Zahlen, die durch die Löcher sichtbar sind, so erhält er die gewählte Zahl.

Im Prinzip sind diese Karten mit den vorherigen identisch. Die Zahlen sind aber nicht geordnet, die Schlüsselzahlen (d. h. die niedrigste Zahl jeder Karte) befinden sich an verschiedenen Punkten. Die Löcher in den Karten korrespondieren mit diesen Punkten: Jede Karte hat Löcher anstelle der Schlüsselzahlen – nur an dem Punkt nicht, wo ihre eigene Schlüsselzahl sich befindet.

Bei einer noch komplexeren Form, die auch auf dem Fensterprinzip beruht, muß man nicht einmal mehr addieren. Sind alle Karten

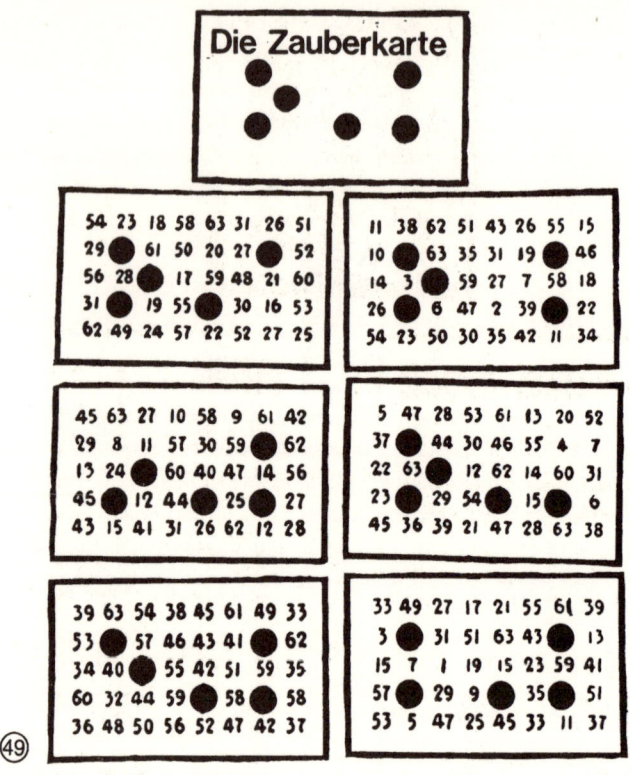

richtig zusammengelegt, ist nur eine Zahl – die ausgewählte – durch die Fenster sichtbar. Es gibt viele Möglichkeiten, solche Karten zu entwerfen (Ball's »Mathematical Recreations and Essays« und Kraitchik's »Mathematical Recreations« enthalten Beschreibungen davon). Die Abbildungen 50 und 51 zeigen ein Set, das vor einigen Jahren in Kanada verkauft wurde. Es besteht aus sieben Karten, die von A bis G numeriert sind. Die Rückseiten von A, B, C und D sind leer, doch auf denen von E, F und G befinden sich Zahlen. (Abb. 50 zeigt die ersten vier Karten und darüber die Schachtel, in der sie verkauft wurden. Der Schachteldeckel selbst weist vier Fenster auf; Abb. 51 zeigt die restlichen drei Karten, links die Vorder- und rechts die Rückseiten.)

Methode: Der Zuschauer denkt sich eine Zahl unter 100 aus. Die Karte A wird ihm gezeigt, und er soll sagen, ob sich seine Zahl darauf befindet. Wenn ja, so wird die Karte mit dem A nach oben auf den Tisch gelegt; wenn nein, wird die Karte umgedreht, so daß die A-Seite unten liegt. Dasselbe geschieht mit den anderen sechs

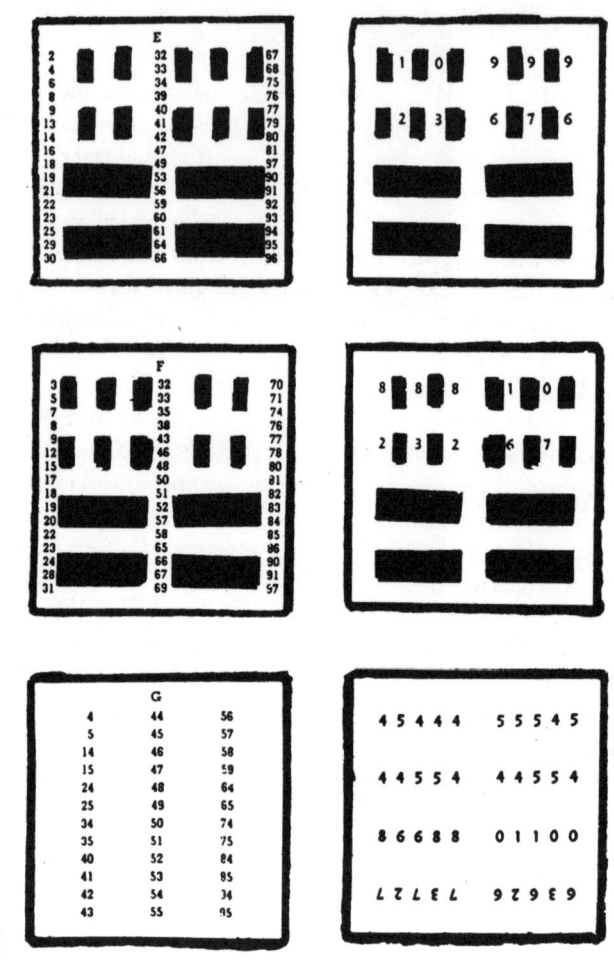

Karten: Man nimmt sie der Reihe nach auf und legt sie auf die vorhergegangenen, je nachdem, wie sich der Zuschauer äußert. Dann wird der Stapel insgesamt umgedreht und in die Schachtel gesteckt. Die gewählte Zahl wird dann durch ein Fenster in der Schachtel sichtbar.

1924 ließ Sam Loyd II eine Karten-Version patentieren, die er dann unter dem Namen »Sam Loyd's Telltale Puzzle« verkaufte. Es besteht aus einer großen Karte mit zwei Fenstern und einer drehbaren Scheibe dahinter. Auf der Vorderseite der Karte befinden sich sechs Rechtecke, die die Zahlen von 13 bis 59 tragen und von 1 bis 6 durchnumeriert sind. Man arbeitet damit, indem man sich zuerst die Rechtecke nennen läßt, die das Alter des Zuschauers enthalten. Dann dreht man das Rad, bis die Nummern dieser Rechtecke in dem oberen Fenster erscheinen. Das untere Fenster in Form eines Zauberbuchs enthüllt dann das Alter.

Das Fenster-Prinzip kann man leicht auf Karten mit Namen, Bildern oder Gegenständen übertragen. 1937 erfand Royal V. Heath sechs Karten, denen er den Titel »Think a Drink« gab und die bei einer sehr bekannten New Yorker Firma hergestellt wurden. Richtig angeordnet, offenbaren die Fenster den Namen des Getränks, das man sich ausgedacht hatte.

Viele Jahre vorher wandte E. M. Skeehan das Fenster-Prinzip auf Karten an, die den Wochentag jedes vorgegebenen Datums über einen Zeitraum von 200 Jahren benannte; und 1935 verkaufte Heath eine Vorrichtung, mit der man die Wochentage aller Daten zwischen dem Jahr 1753 und dem Jahr 2140 bestimmen konnte. Er benutzte jedoch einen Rechenschieber und keine Fensterkarten.

Tip-Tricks

Verrückte Zeiten

In Kapitel 4 wurde ein Uhrentrick erklärt, bei dem sich der Zuschauer eine Uhrzeit auf einem Zifferblatt aussucht und der Zauberer die Stunde herausfindet, indem er scheinbar wahllos Zahlen antippt, bis ihn der Zuschauer stoppt. Eine aufwendigere Version dieses Tricks wurde auf dem Markt für Zauberkunststücke

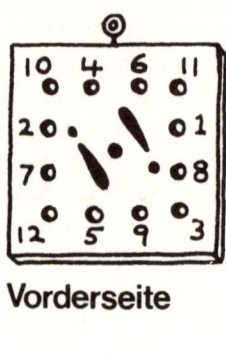

Vorderseite

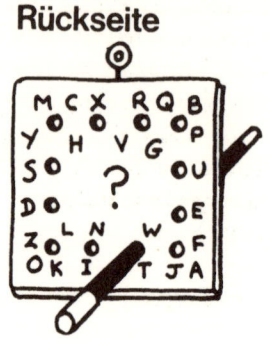

Rückseite

(52)

vor etwa 15 Jahren unter dem Namen »Crazy Time« angeboten und eignet sich auch für ein größeres Publikum. Sie wurde von dem Zauberer Tom Hamilton erfunden (Abb. 52 zeigt Vorder- und Rückseite der dazu benötigten Uhr).

Das Kunststück funktioniert folgendermaßen: Der Zauberer bittet einen Zuschauer, sich eine Stunde auszusuchen und sie auf ein Stück Papier zu schreiben, ohne es jedoch jemanden sehen zu lassen. Ein zweiter Zuschauer wird gebeten, laut eine Zahl von 13 bis 26 zu nennen. Der Zauberer dreht die Uhr um, so daß die Zuschauer die Rückseite sehen können, auf der sich lauter ungeordnete Buchstaben befinden. Mit seinem Zauberstab tippt er scheinbar zufällig auf die Buchstaben. Der erste Zuschauer, der die Stunde ausgesucht hatte, zählt jedes Tippen still mit, wobei er mit der Zahl beginnt, die um 1 größer ist als die von ihm gewählte Stunde. Hat er z. B. 4 geschrieben, so zählt er 5 beim ersten Tippen, 6 beim zweiten usw. Erreicht er so beim Zählen die Ziffer, die vom zweiten Zuschauer laut genannt wurde, sagt er »Stop«. Der Zauberer steckt seinen Stab in das Loch, das sich neben dem zuletzt getippten Buchstaben befindet, und dreht die Uhr wieder um. Der Zauberstab durchdringt das Zifferblatt bei der Stunde, die der erste Zuschauer aufgeschrieben hatte.

Methode: Der Zauberer subtrahiert zunächst 12 von der Zahl, die der zweite Zuschauer nennt. Lautet beispielsweise die Zahl 18, so bleibt nach der Subtraktion von 12 ein Rest von 6. Die ersten 5 Schritte macht er beliebig, beim sechsten Tippen aber setzt er den Stab auf A. Dann setzt er der Reihe nach auf die Buchstaben, die in dem Wort »Ambidextrous« enthalten sind. Das Publikum weiß natürlich nichts von dieser Reihenfolge. Er hört auf, wenn der erste Zuschauer »Stop« ruft, steckt seinen Zauberstab in das betreffende Loch und dreht die Uhr um. Der Stab bezeichnet nun die vom Zuschauer gewählte Stunde.

Heath's »Tappit«*

Eine Anwendung des Tip-Prinzips auf das Buchstabieren von Zahlen erfand Heath 1925 und verkaufte sie unter dem Namen »Tappit«. Zu diesem Trick gehören sechs kleine, quadratische Steine, von denen jeder eine Zahl trägt und eine andere Farbe hat (Abb. 53).

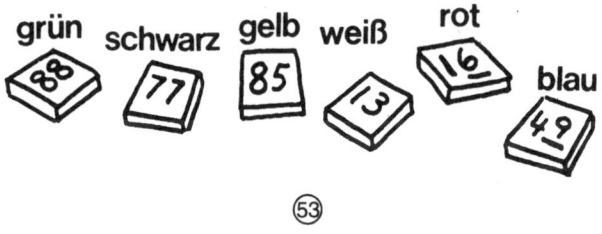

Die Steine werden mit den Zahlen nach unten auf den Tisch gelegt. Während sich der Zauberkünstler abwendet, sieht sich ein Zuschauer eine Zahl an und mischt die Steine danach gründlich. Der Magier dreht sich wieder um und beginnt, mit einem Bleistift auf die Steine zu tippen. Bei jedem Tippen buchstabiert der Zuschauer leise für sich die Zahl und sagt »Stop«, wenn er damit fertig ist. Der Stein, auf dem der Stift jetzt ruht, wird umgedreht. Es ist der Stein mit der gewählten Zahl.

---

* Dieser Trick bezieht sich auf die Zählung in englischer Sprache.

Methode: Die ersten sechsmal tippt man auf beliebige Steine. Die nächsten sechsmal werden die Steine in der folgenden Reihenfolge berührt: 16, 13, 49, 85, 88, 77. Der Zauberer kann sie in der richtigen Reihenfolge berühren, weil er sich vorher die zugehörigen Farben gemerkt hat. Alles beruht natürlich darauf, daß »sixteen« sieben Buchstaben hat und die anderen (englischen) Zahlen immer einen Buchstaben mehr besitzen.

Tip einen Drink

Das Buchstabier-Prinzip wird in vielfältiger Weise bei Zauberkunststücken und Werbeartikeln verwandt. 1940 habe ich es für ein Werbegeschenk benutzt, das »The Magic Tap-a-Drink Card« hieß. Die Vorderseite dieser Karte ist in Abb. 54 gezeigt. Der Zuschauer denkt an einen der dort benannten Drinks. Die Karte wird umgedreht, und der Zauberer beginnt, mit einem Stift auf die Löcher zu

tippen. Bei jedem Tippen buchstabiert der Zuschauer still einen Buchstaben des von ihm ausgesuchten Drinks und sagt »Stop«, wenn er damit fertig ist. Der Zauberer läßt den Stift in dem letzten Loch stecken. Jetzt wird die Karte umgedreht: Der Stock steckt in dem Loch des ausgesuchten Drinks. Dazu muß zuerst auf das oberste Loch getippt werden, ab dann geht es im Uhrzeigersinn weiter.

*Tip ein Tier**

* Dieser Trick bezieht sich auf die englische Buchstabierung der Tiernamen.

Im Dezember 1952 habe ich ein ähnliches Gedankenlese-Experiment in »Children's Digest« veröffentlicht. Es ist in Abb. 55 gezeigt. Ein Zuschauer denkt an eines der abgebildeten Tiere und buchstabiert heimlich dessen Namen, während der Zauberer auf die Bilder tippt. Das Tippen beginnt beim Schmetterling, geht von da aus hoch zum Nashorn, dann die Linie weiter zu den anderen Tieren, bis der Zuschauer am Ende des von ihm buchstabierten Namens »stop« sagt.

Es gibt zahlreiche andere Kunststücke, die auf diesem Prinzip beruhen. Walter Gibson erwähnt einen Tip-Trick mit Zahlen in seinem »Magician's Manual«, bei dem Papp-Polygone unterschiedlicher Form verwendet werden. Der von Merv Taylor verkaufte »Staaten-Trick« ähnelt dem »Tip einen Drink«-Effekt, nur werden Staaten statt Drinks verwendet. John Scarne erfand 1950 eine vorzügliche Karte mit dem Titel »Think-of-a-Number«, auf der nur ungerade Zahlen abgebildet sind. Das gestattet dem Zauberer, jeden zweiten Schritt beliebig zu wählen, während der Zuschauer zählt.

Man kann alle Tip-Tricks dieser Art noch geheimnisvoller machen, wenn man den Zuschauer seinen Namen buchstabieren läßt, nachdem er das eigentliche Buchstabieren oder Zählen beendet hat. Der Zauberer muß in diesem Fall nur selbst den Namen des Zuschauers vor dem eigentlichen Tippen buchstabieren, wobei dann die Tip-Schritte beliebig sind.

Die Rätselkarte

Der Trick in Kapitel 4, bei dem Münzen in Form einer 9 angeordnet waren und dann getippt werden mußten, kann auch in vielfacher Weise auf Karten dargestellt werden. Abb. 56 zeigt eine solche Karte, die ich vor vielen Jahren ausgearbeitet habe. Sie wählen die Frage aus, die Sie beantwortet haben möchten, tippen hoch und um den Kreis herum wie beim Münzenkunststück, dann wieder den Kreis zurück, bis Sie bei einem der Löcher enden. Der Stift wird durch das Loch gedrückt und die Karte umgedreht. Auf der Rückseite der Karte führt von jedem Loch eine Linie zur jeweils richtigen Antwort.

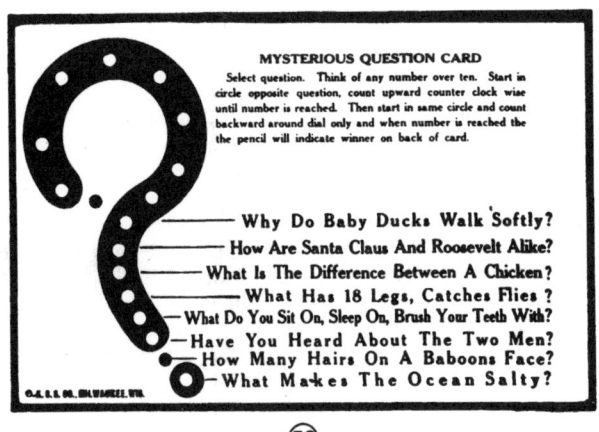

MYSTERIOUS QUESTION CARD

Select question. Think of any number over ten. Start in circle opposite question, count upward counter clock wise until number is reached. Then start in same circle and count backward around dial only and when number is reached the the pencil will indicate winner on back of card.

—— Why Do Baby Ducks Walk Softly?
—— How Are Santa Claus And Roosevelt Alike?
—— What Is The Difference Between A Chicken?
—— What Has 18 Legs, Catches Flies?
—— What Do You Sit On, Sleep On, Brush Your Teeth With?
—— Have You Heard About The Two Men?
—— How Many Hairs On A Baboons Face?
—— What Makes The Ocean Salty?

Würfel- und Dominotricks

Heath's Entschlüsselung

1927 verkaufte Royal V. Heath einen Effekt mit dem Namen »The Di-Ciphering Trick« (der Entschlüsselungstrick), der auf einem von Edmund Balducci entwickelten Prinzip beruht. Er besteht aus fünf Würfeln, die auf jeder Seite unterschiedliche dreiziffrige Zahlen haben – insgesamt 30 Zahlen. Der Zuschauer würfelt auf einem Tisch. Sofort nennt der Zauberer die Summe der oben liegenden Zahlen.

Dazu addiert er einfach die letzten Ziffern jeder Zahl und zieht die Summe von 50 ab. Das Ergebnis setzt er vor die obige Summe und erhält so die Summe aller fünf oben liegenden Zahlen. Wir wollen beispielsweise annehmen, daß alle fünf Endziffern zusammen 26 ergeben. 26 von 50 subtrahiert ergibt 24. Also lautet das Endergebnis 2426.

Die fünf Würfel sind folgendermaßen numeriert: (1) 483, 285, 780, 186, 384, 681 – (2) 642, 147, 840, 741, 543, 345 – (3) 558, 855, 657, 459, 954, 756 – (4) 168, 663, 960, 366, 564, 267 – (5) 971, 377, 179, 872, 773, 278.

Derartige Würfel – aus Holz oder Plastik – sind auch heute noch in Zauberläden erhältlich, in Amerika und England unter der alten Bezeichnung »Di-ciphering«, in den deutschsprachigen Ländern als »Phänomen-Würfeltrick«. (Andere Kunststücke mit Würfeln findet man in »My Best«, herausgegeben von J. G. Thompson Jr., 1945, S. 242 f., und in »Annemann's Practical Mental Effects«, 1944, S. 59.)

Die »Sure-Shot Dice Box«

Von Zeit zu Zeit werden Zauberkunststücke mit gewöhnlichen Würfeln verkauft, wobei meistens das Siebener-Prinzip (die Tatsache, daß die Summe zweier gegenüberliegender Seiten immer 7 ergibt) mit anderen Ideen verknüpft ist. Ein gutes Beispiel ist die Würfelbox, die auch hierzulande unter dem Namen »Sure-Shot Dice Box« im Zauberutensilienhandel angeboten wird. (Im September-Heft 1925 von »The Sphinx«, S. 218, wird die Erfindung dieser Schachtel Eli Hackman zugeschrieben.) Geformt ist sie wie eine runde Pillendose; man kann die Würfel laut in der Kiste klappern hören, wenn sie geschüttelt wird. Sie ist aber so gebaut, daß die Würfel sich nicht darin umdrehen können. Dazu noch sehen Ober- und Unterseite völlig gleich aus, so daß die Dose beliebig vor dem Öffnen umgedreht werden kann. Mit dieser Schachtel können viele Tricks durchgeführt werden, deren meiner Meinung nach bester im August 1949 in »The Linking Ring« erschien und von Stewart James stammt. Der Zauberer schreibt eine Vorhersage auf eine Schiefertafel und legt sie beiseite, ohne sie jemandem zu zeigen. Drei Würfel werden in die Schachtel gesteckt. Ein Zuschauer schüttelt sie, öffnet die Schachtel und nennt die Summe der sichtbaren Würfelaugen. Dies wird noch sechsmal wiederholt, so daß sich sieben Summen ergeben.

Zu diesem Zeitpunkt läßt der Zauberer den Zuschauer zwischen zwei Möglichkeiten wählen: Entweder hört er jetzt auf und addiert die sieben Summen, oder er schüttelt noch zweimal mehr und erhält so neun Summen, die addiert werden müssen. Wie auch immer er sich entscheidet, die Gesamtsumme stimmt mit der Zahl überein, die der Magier vorher auf die Schiefertafel geschrieben hat.

Der Trick funktioniert folgendermaßen: Wird die Schachtel beim ersten Mal dem Zuschauer gereicht, so müssen die drei Würfel insgesamt 5 Augen zeigen. Er schüttelt die Schachtel, öffnet sie und zählt 5 Augen. Der Zauberer nimmt die Würfel hoch und legt sie sorglos wieder zurück in die Schachtel, schließt sie und reicht sie dem Zuschauer für ein zweites Schütteln, bei dem sich natürlich ein zufälliges Ergebnis einstellt. Wenn diese Summe genannt ist, bleiben die Würfel unberührt, nur die Schachtel wird heimlich umgedreht, bevor sie dem Zuschauer für das dritte Schütteln ausgehändigt wird. So ergibt sich als Gesamtsumme des zweiten und dritten Schüttelns 3 mal 7, also 21. Wieder werden die Würfel hochgenommen und zurück in die Schachtel gesteckt. Die Strategie bei den nächsten beiden Durchgängen ist dieselbe wie oben. Ebenso macht man es beim sechsten und siebenten Mal. Infolgedessen ergibt sich 68 – nämlich 3 mal 21 plus 5 – als Gesamtsumme aller sieben Ergebnisse. Diese Zahl schreibt der Zauberer zu Beginn auf seine Schiefertafel.

Was aber, werden Sie fragen, macht der Zauberkünstler, wenn der Zuschauer noch zweimal schütteln will? Er macht einfach alles so wie vorher, 21 kommen hinzu, und es ergibt sich eine Gesamtsumme von 89. Er dreht dann einfach die Tafel um und erhält 89 statt 68 – eine brillante Idee, die den Effekt wirklich verblüffend macht.

Blyth's Domino-Schachtel

Eine interessante Variante eines in Kapitel 4 dargestellten Dominotricks beschrieb Will Blyth 1928 in seinem Buch »Effective Conjuring«. Neuerdings wird dieser Effekt unter der Bezeichnung »Mentaler Domino Trick« verkauft. Zehn Dominosteine stecken in einer schmalen Plastikkiste (Abb. 57), die am oberen Ende offen ist. Bei geschlossenem Deckel kann der jeweils unterste Stein aus der Kiste nach rechts herausgezogen und oben wieder durch die Öffnung zurückgelegt werden. In der linken Seite der Schachtel steckt ein Reiter, der längs der Dominosteine nach oben und unten verschoben werden kann. Der Magier setzt den Reiter, schließt dann die Schachtel und bittet einen Zuschauer, eine beliebige Anzahl Dominosteine (zwischen 1 und 10) von unten nach oben zu bringen.

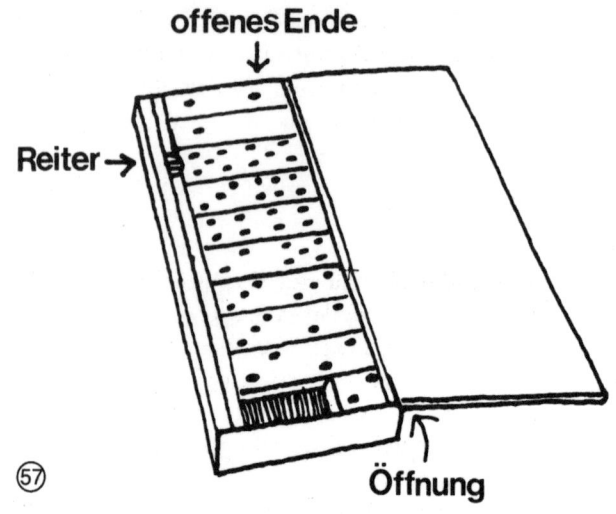

offenes Ende

Reiter →

57

Öffnung

Nehmen wir an, der Zuschauer habe sechs überführt. Wird jetzt der Deckel geöffnet, so steckt der Reiter an einem Dominostein, dessen Augen zusammen 6 ergeben. Das Kunststück ist sofort wiederholbar, ohne die Lage der Steine zu ändern.

Um diesen Trick durchführen zu können, muß der Zauberer den Reiter jedesmal neben den Stein stecken, der 10 Augen aufweist.

Farbsteine aus Indien

Ein unter dem Namen »The Blocks of India« verkaufter Effekt lehnt sich an einen anderen, weiter vorn beschriebenen Dominotrick an. Die Dominos haben keine Punkte, jeder Stein ist statt dessen in zwei Farben unterteilt. Es werden so viele Farben benutzt, daß alle Steine unterschiedlich sind. Während der Zauberer den Raum verläßt, bildet ein Zuschauer aus allen Steinen eine Reihe, wobei immer nur gleiche Farben sich berühren sollen. In jedem Fall kann der Zauberer vorher ankündigen, welche Farben sich an den freien Enden der Reihe befinden werden. Wie bei dem früher beschriebenen Dominotrick besteht das Geheimnis darin, daß der Zauberer heimlich vor Durchführung des Kunststücks einen Stein entfernt hat. Die beiden Farben auf diesem Stein sind natürlich auch die, die sich nachher an den Enden der Reihe befinden werden.

Tricks von Hummer

Schon in früheren Kapiteln sind viele Kunststücke von Bob Hummer beschrieben worden, bei denen Karten oder andere übliche Gegenstände Verwendung finden. Darüber hinaus hat Hummer jedoch eine Anzahl merkwürdiger mathematischer Effekte entwickelt, die einer speziellen Ausrüstung bedürfen. Einige davon wurden auch verkauft, andere existieren nur in der Form, in der Hummer sie zu Hause gebastelt hat.

Einer der bekanntesten Effekte von Hummer ist der »Poker-Chip-Trick«. Es werden sechs Pokerchips benutzt, von denen jeder auf beiden Seiten eine Ziffer trägt. Abb. 58 zeigt in der oberen Zeile die eine Seite der Chips, darunter befinden sich die zugehörigen Rückseiten, wobei die Zahlen in der oberen Reihe in fetter Schrift, die der unteren in feinen Typen geschrieben sind.

Zur Durchführung des Kunststücks bittet der Zauberer einen Zuschauer, die Chips in seiner Hand zu schütteln und sie dann in zwei Reihen zu je drei Chips wieder auf den Tisch zu legen. Während sich der Zauberer abwendet, dreht der Zuschauer drei Chips um, ohne zu sagen, welche es sind. Jetzt gibt der Zauberer Anweisungen, wie noch ein paar weitere Chips umgedreht werden

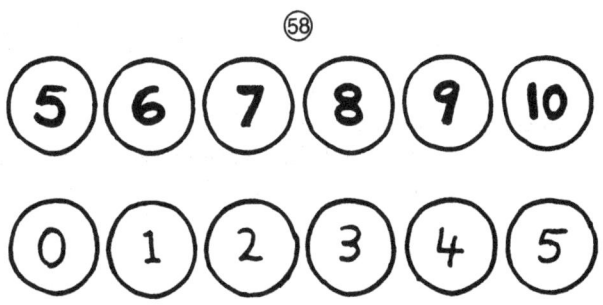

müssen. Danach greift der Zuschauer einen beliebigen Chip, dreht ihn um und bedeckt ihn mit einer Karte (Spielkarte, Visitenkarte etc.); nun dasselbe mit zwei anderen Chips. Auf dem Tisch liegen jetzt drei Chips verdeckt und drei offen. In diesem Augenblick dreht sich der Zauberer um, blickt kurz auf den Tisch und nennt die Summe der drei verborgenen Zahlen.

Der Trick funktioniert folgendermaßen: Bevor er sich abwendet, blickt der Magier auf die zwei Chips-Reihen und merkt sich die Lage aller fetten Zahlen. Hat der Zuschauer drei beliebige Chips umgedreht, so gibt der Zauberer Anweisungen, noch ein paar mehr umzudrehen. Er könnte zum Beispiel sagen: »Drehen Sie den zweiten Chip in der oberen Zeile und den dritten in der unteren um.« Die Chips, von denen er verlangt, daß sie umgedreht werden, sind die in den Positionen, die er sich gemerkt hat (d.h. es sind die Positionen, an denen sich Chips mit fetten Zahlen befanden, bevor er sich umdrehte).

Jetzt dreht der Zuschauer drei Chips um und bedeckt sie mit Karten. Der Zauberer wendet sich um und führt im Kopf folgende Rechnung durch: Er zählt die Anzahl der Chips, die fette Zahlen zeigen (das können ein, zwei oder drei sein) und multipliziert diese Zahl mit 10. Zu diesem Produkt wird 15 addiert. Davon wird die Summe der drei sichtbaren Chips abgezogen. Übrig bleibt die Summe der Zahlen, die sich oben auf den verdeckten Chips befinden.

Für Leser, die daran interessiert sind, führe ich unten drei weitere Erfindungen von Hummer auf, die zwar zu kompliziert sind, um sie hier zu erklären, die aber bei Zauberhändlern erhältlich sind.

»Mother Goose Mystery«: Ein Heftchen mit den üblichen »Mother-Goose«-Reimen, die hier jedoch dazu verwendet werden können, zwei außergewöhnliche Gedankenlese-Kunststücke durchzuführen. Ich habe 1941 das Bändchen nach einem Vorschlag von Hummer ausgearbeitet.

»It's Murder«: Ein mathematisches Gedankenlese-Kunststück, bei dem ein spezielles Brett benötigt wird, auf dem sich ein Kreis mit dem Namen von zehn Leuten befindet. Ein fünfzackiger Stern wird so auf den Kreis gelegt, daß ein Zacken die Person bezeichnet, die »ermordet« werden soll. Mit Hilfe einer geistreichen Methode wird der Zauberkünstler in die Lage versetzt, den Namen des Opfers zu nennen, ohne daß er auch nur erfahren hätte, welcher Zacken des Sterns als »Mörder« bestimmt wurde.

»The Magic Carpet«: 26 Karten, von denen jede einen Buchstaben des Alphabets trägt, und ein winziger Stoffteppich werden dazu benötigt. Der Zuschauer verbirgt unter dem Teppich Karten, die einen Mädchennamen darstellen, und der Zauberer kann den Namen nennen, ohne die Karten zu sehen. Der Trick benutzt auf kunstvolle Weise ein Verdoppelungsprinzip.

Bob Hummer und Royal V. Heath kommt die Ehre zu, die hervorragendsten zeitgenössischen amerikanischen Erfinder von solchen mathematischen Zauberkunststücken zu sein, die eine spezielle Ausrüstung verlangen. Der Ausdruck »Mathemagie« wurde von Heath geschaffen, und er ist auch meines Wissens der erste und einzige Zauberer, der eine ganze Show mit eigenen Effekten auf mathematischer Grundlage darbietet. Es ist jammerschade, daß so viele der besten mechanischen Schöpfungen dieser beiden Männer nie vermarktet wurden, d. h. daß sie auch nicht für andere Zauberer, die sich für diese Art Magie interessieren, erhältlich sind.

7 Geometrisches Verschwinden – Teil 1

In diesem und in dem nächsten Kapitel wollen wir einige bemerkenswerte geometrische Paradoxa aufzeigen, von denen manche schon älteren Datums sind, andere jedoch hier zum ersten Mal veröffentlicht werden. Alle beinhalten das Zerschneiden einer Figur und die Wiederanordnung der Teile. Ist die Anordnung komplett, so ist offensichtlich ein Teil der ursprünglichen Figur (entweder ein Teil der Fläche oder eines von den Bildern, die darauf gezeichnet sind) spurlos verschwunden. Werden die Teile in ihre ursprüngliche Position zurückgebracht, so erscheinen die fehlende Fläche oder das fehlende Bild auf geheimnisvolle Weise wieder. Dieses merkwürdige Verschwinden und Wiederauftauchen rechtfertigt es, diese Paradoxa als mathematische Magie anzusehen.*

Das Linien-Paradoxon

Meines Wissens hat bisher noch niemand bemerkt, daß die verschiedenen Paradoxa, die hier diskutiert werden sollen, alle auf einem gemeinsamen Prinzip beruhen. Da uns kein besserer Name einfällt, wollen wir es das »Prinzip des unbemerkten Aufteilens« nennen. Das folgende, sehr alte und einfache Paradoxon (Abb. 59) wird das Prinzip verdeutlichen.

---

* Eines der besten Puzzle dieser Art, »Das Geheimnis des verschwindenden Zwerges«, liegt als fertiger Trick dem Buch von Alexander Adrion, »Die Kunst zu zaubern«, Köln 1978, bei.

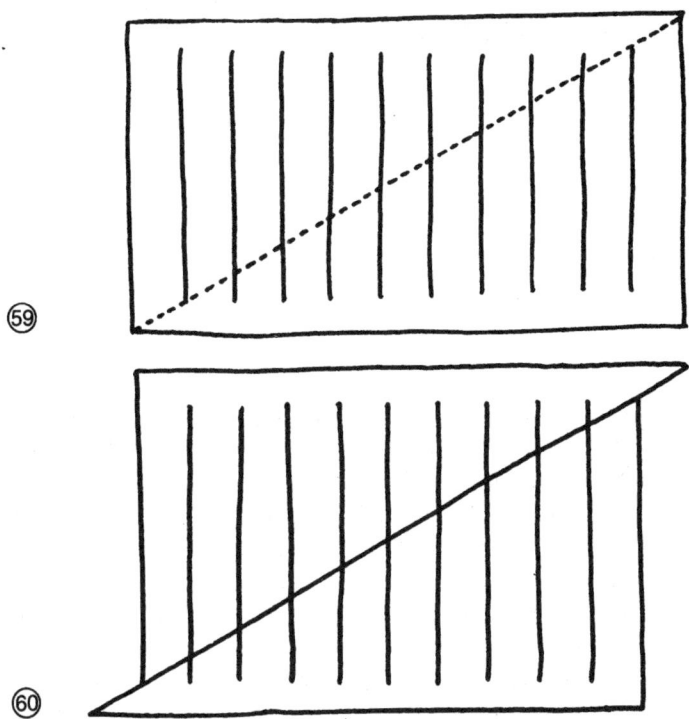

Sie sehen, daß die zehn vertikalen Linien gleicher Länge so im Rechteck angeordnet sind, daß die Abschnitte oberhalb der Diagonalen von links nach rechts zunehmend kleiner werden, während die unter der Diagonalen wachsen, wenn man die gestrichelte Linie von links nach rechts verfolgt. Jetzt schneiden Sie das Rechteck entlang der Diagonale in zwei Teile und verschieben den unteren Teil nach links unten in die in Abb. 60 wiedergegebene Position.

Wenn Sie jetzt die senkrechten Linien in der Figur zählen, werden Sie feststellen, daß es nur neun sind. Welche Linie ist verschwunden, und wo ging sie hin? Schieben Sie den unteren Teil zurück in seine ursprüngliche Stellung, so kommt die fehlende Linie zurück. Aber welche Linie ist zurückgekommen, und wo kam sie her? Auf den ersten Blick erscheinen diese Fragen merkwürdig, doch es bedarf nur einer einfachen Analyse, um festzustellen, daß keine einzige Linie verschwunden ist.

Folgendes ist passiert: Acht der zehn Linien sind in zwei Teile zerschnitten worden. Diese 16 Stücke sind so verteilt worden, daß sich neun neue Linien bilden, die alle ein wenig länger sind als die ursprünglichen. Da jede einzelne Linie nur wenig in der Länge wächst, merkt man es kaum. Doch ist tatsächlich die Summe aller Längenzuwächse genau gleich der Länge einer ursprünglichen Linie.

Vielleicht wird das Prinzip dieses Paradoxons noch klarer, wenn wir fünf Gruppen von je vier Murmeln betrachten. Legen Sie eine Murmel von der zweiten Gruppe zur ersten, dann zwei von der dritten zur zweiten, drei Murmeln von der vierten Gruppe zur dritten und schließlich alle vier der letzten zur vierten Gruppe (Abb. 61).

Ist diese Umverteilung durchgeführt, so sind es nur noch vier Gruppen. Natürlich ist es unmöglich, die Frage, welche Gruppe verschwunden sei, zu beantworten, da ja nur vier Gruppen so aufgeteilt wurden, daß jede eine zusätzliche Murmel erhielt. Genau das geschieht auch in dem Linien-Paradoxon. Beim Verschieben der Flächen entlang der Diagonalen wird jede Linie unmerklich ein wenig länger.

Sam Loyd's Flaggen-Puzzle

Sam Loyd entwickelte nach diesem Prinzip ein interessantes Flaggen-Rätsel. Das Problem besteht darin, eine Flagge mit 15 Streifen so in möglichst wenige Stücke zu zerschneiden, daß diese zusammengesetzt die amerikanische Flagge mit 13 Streifen ergeben. Aus Loyd's »Cyclopedia of 5000 Puzzles«* stammt die in Abb. 62 gezeigte Lösung.

Das verschwindende Gesicht

Es gibt auch andere Möglichkeiten, das Linien-Paradoxon so abzuwandeln, daß Verschwinden und Wiederauftauchen noch interessanter gestaltet werden können. Natürlich kann man statt der Linien zweidimensionale Figuren nehmen. Dazu eignen sich Abbildungen von Stiften, Zigarren, Ziegelsteinen, hohen Hüten, Wassergläsern und allen anderen Gegenständen, die man mit vertikalen Linien

---

* Eine Auswahl der besten mathematischen Denkspiele von Sam Loyd ist in den DuMont Taschenbüchern erschienen jeweils unter dem Titel »Mathematische Rätsel und Spiele« (Bd. 66) und »Noch mehr mathematische Rätsel und Spiele« (Bd. 85).

(63)

zeichnen kann, da diese sich vor und nach dem Verschieben passend zusammenfügen lassen. Mit etwas künstlerischem Geschick können auch kompliziertere Figuren benutzt werden. Ein Beispiel dafür ist das verschwindende Gesicht (Abb. 63).

Wird der untere Streifen, wie angedeutet, nach links verschoben, so bleiben alle Hüte übrig, ein Gesicht jedoch verschwindet völlig. Es macht nicht viel Sinn zu fragen, welches verschwunden sei, da nach dem Verschieben vier der Gesichter in zwei Teile gebrochen sind und diese Teile so zusammengefügt wurden, daß jedes Gesicht ein klein wenig größer wurde – hier eine längere Nase, dort ein größeres Kinn usw. Aber die Verteilung ist geschickt verborgen – und natürlich ist das Verschwinden eines ganzen Gesichtes viel erstaunlicher als das einer Linie.

»Verschwinde von der Erde«

Sam Loyd muß an diese Linien gedacht haben, als er 1896 sein berühmtes »Get Off The Earth«-Puzzle erfand und patentieren ließ. Es war Loyd's berühmteste Erfindung. Noch zu seinen Lebzeiten sollen mehr als 10 Millionen Exemplare in den USA und anderen

Ländern verkauft worden sein. 1897 wurde es von der republikanischen Partei verteilt, um die Präsidentschaftskampagne von McKinley zu unterstützen. Bei der Ausstellung »Century of Progress« in Chicago 1933 benutzte der Ausrufer vor dem Robert Ripley-Odditorium eine riesige Holzversion dieses Puzzles, um damit Menschenmassen anzuziehen. Er zählte die 13 chinesischen Krieger mit einem Zeigestock, drehte dann plötzlich das Rad, hielt es an der entsprechenden Stelle an, zählte die Figuren noch einmal und stellte fest, daß ein Krieger verschwunden war. Hier ist Loyd's Originalpuzzle, das er selbst gezeichnet hat, wiedergegeben (Abb. 64a).

Loyd hat einfach das Linien-Paradoxon auf einen Kreis übertragen und die Linien durch chinesische Krieger ersetzt. In Abb. 64b werden zwölf Figuren dargestellt. Wird der Kreis ausgeschnitten und im Uhrzeigersinn gedreht, bis der Zeiger auf N. O. steht, dann bilden die zerschnittenen Teile der Figuren eine neue, und es entstehen 13 Krieger. Wird der Zeiger zurück auf N. W. gedreht, so verschwindet die zusätzliche Figur wieder.

Sie werden bemerken, daß sich in Abb. 64a, die 13 Krieger zeigt, zwei links unten direkt gegenüber stehen. Diese beiden Figuren entsprechen den Endstrichen im Linien-Paradoxon. Jeder von beiden hat ein Stück Knie zu wenig. Bringt man sie mit der Drehung des Rades zusammen, so fällt das weniger auf. Das Rad könnte auch noch weiter gedreht werden, um 14, 15 und mehr Krieger zu zeigen, doch je größer die Zahl wird, um so offenkundiger wird auch, daß jeder Krieger Substanz lassen muß, um neue zu schaffen.

Die Krieger sind mit viel größerer Genialität gezeichnet worden, als man auf den ersten Blick annehmen würde. So muß z. B. – damit die Figuren in aufrechter Stellung rings um den Globus bleiben – an irgendeinem Punkt ein linkes Knie zum rechten werden und an einem anderen Punkt wiederum ein rechtes zum linken.

Noch 1896 druckte Loyd, nachdem das Puzzle erschienen war, in seiner Rätselspalte in der Sonntagsausgabe von Brooklyns »Daily Eagle« mehr als 50 Briefe von Lesern ab, die verschiedene, manchmal sehr heitere Erklärungen anboten. Manche wählten die Versform, wie z. B. Mr. Wallace Vincent, dessen Gedicht mit »Was war ich einst ein froher Mann« beginnt und so fortfährt:

⑥④ a

Doch jetzt brüt' ich in Einsamkeit,
   schau elend wie noch nie;
mein Körper dürr, die Augen hohl,
   im Wahnsinn glühen sie.

Das einz'ge Fenster in dem Raum
   vergittert ist's mit Stahl;
durch eine Öffnung in der Tür
   schieb'n Wärter mir mein Mahl.

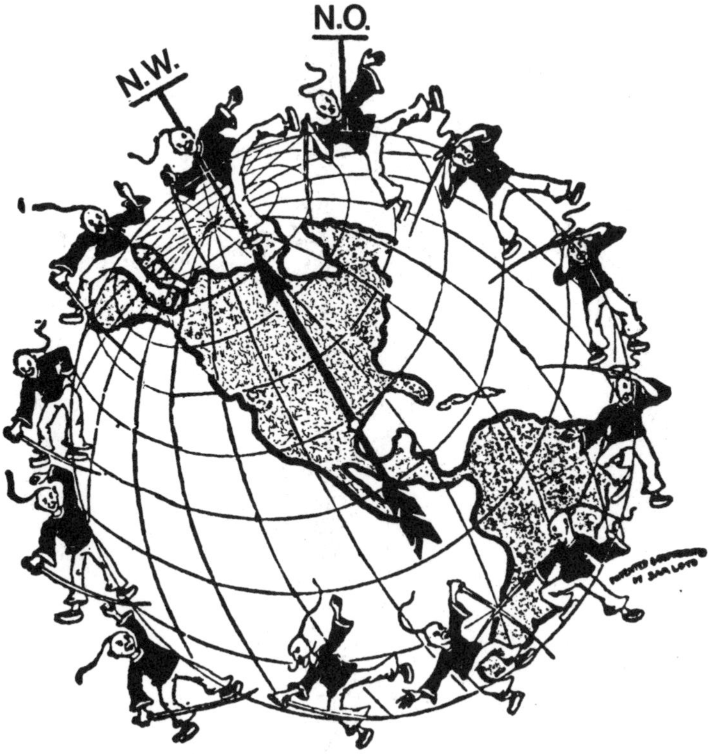

64 b

Von früh bis spät ich kaure mich
in meines Raumes Eck
und starr' auf etwas in der Hand,
Trübsinn treibt Eifer weg.

Ich schieb' sie hoch, ich schieb' sie ab,
zähl' alle einmal noch,
und dann mit einem irren Schrei
ich wild den Boden poch'.

Ich erspare dem Leser die letzten Strophen dieser unendlich traurigen Ballade.

1909 entwickelte Loyd ein ähnliches Puzzle, das er »Teddy and the Lions« nannte. Es zeigt Theodore Roosevelt, sieben Löwen und sieben afrikanische Eingeborene. Die Eingeborenen und die Löwen sind um einen Kreis herum angeordnet, eine Gruppe spiralförmig nach innen, die andere nach außen. Dreht man das Rad, so ergeben sich acht Löwen und sechs Eingeborene. Das Puzzle ist zu einem seltenen Sammelobjekt geworden. Das einzige Exemplar, das ich je gesehen habe, gehörte Dr. Vosburgh Lyons und war als Werbung für das Eden Museum, ein Wachsfigurenkabinett in Manhattan, verteilt worden. Auf der Rückseite steht der im folgenden ausschnittweise wiedergegebene Text. »Dieses wunderbare Puzzle wurde von Sam Loyd geschaffen, dem Mann, der ›Pigs in Clover‹, das ›15 Block-Puzzle‹, ›Parchesi‹ usw. erfand. Doch dies ist sein Meisterstück. Sie sehen, daß sich vor Ihren Augen ein SCHWARZER Mann in einen GELBEN Löwen verwandelt. Je mehr Sie darüber nachdenken, desto weniger verstehen Sie es! Professor Rogers sagt darüber: ›Es ist eine optische Täuschung, vielleicht ist es aber auch mit fluorescierenden Farben gemalt, ich weiß es nicht!‹ Senden Sie Ihre beste Antwort, die das Rätsel um das geheimnisvolle Verschwinden des schwarzen Mannes erklärt, dem Rätsel-Herausgeber von ›The Globe‹. Jede Woche werden 25 Freikarten für das Eden Museum unter den Einsendern der besten Antworten verteilt.«

DeLand's Paradoxon

1907 ließ der Graveur und Amateurzauberer Theodore L. DeLand aus Philadelphia eine andere geniale Fassung des Senkrechtlinien-Paradoxons schützen. Er veröffentlichte sie in verschiedenen Formen, eine davon zeigt Abb. 65.

Die Karte wird entlang der horizontalen Linie AB und dann entlang der vertikalen Linie CD in drei Stücke zerschnitten. Werden die beiden unteren Rechtecke vertauscht, so ergibt sich dasselbe Resultat wie beim Verschieben der unteren Hälfte im Linien-Paradoxon: Eine der Spielkarten verschwindet. Diese Fassung hat

(65)

den Vorteil, daß die treppenartig aufsteigende Folge der Spielkarten in Abschnitte aufgeteilt ist, so daß sie mehr zufällig verteilt zu sein scheinen. Um die Anordnung noch weiter zu verschleiern, fügte DeLand extra einige Spielkarten hinzu, die für das Paradoxon keine Bedeutung haben.

Das verschwindende Kaninchen

DeLand's Paradoxon kann natürlich verfeinert werden, indem man kompliziertere Bilder – Gesichter, menschliche Figuren, Tiere usw. – verwendet. Hier sei noch eine Variante wiedergegeben, die ich im April 1952 für die Familienspalte in »Parents Magazine« zeichnete (Abb. 66). Wie Sie sehen, habe ich bloß DeLand's Konstruktion in die Vertikale verdreht und die Spielkarten gegen Kaninchen ausgetauscht. Werden die Teile A und B vertauscht, so verschwindet ein Kaninchen, und es erscheint ein Osterei. Es wäre auch möglich, den Hasen vollständig verschwinden und die Stelle auf dem Papier leer zu lassen. Doch bekommt das Ganze einen österlichen Anstrich, wenn man aus einer Nasen- und einer Schwanzspitze ein Ei bildet, das der Osterhase zurückließ, bevor er verschwand.

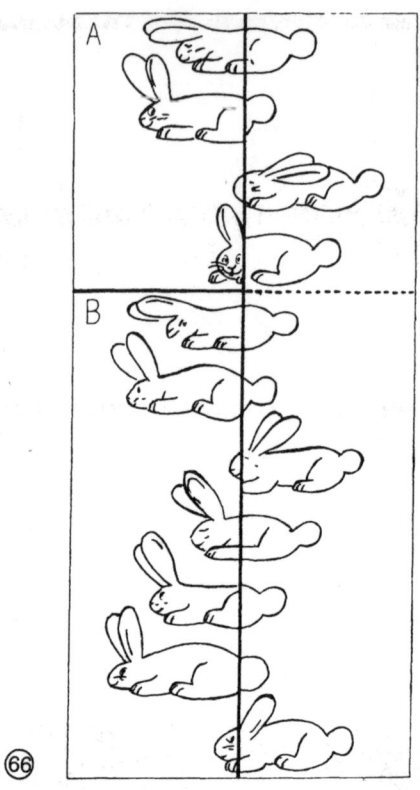

(66)

Schneidet man, statt A und B zu vertauschen, die rechte Hälfte entlang der gestrichelten Linie in zwei Teile und vertauscht diese, so steigt die Anzahl der Hasen auf zwölf. Ein Kaninchen verliert allerdings dabei ein Ohr, und auch noch andere merkwürdige Dinge geschehen.

Stover's Variante

Es blieb Mel Stover aus Winnipeg/Kanada vorbehalten, der Idee von DeLand eine endgültige Form zu geben. 1951 zeichnete er eine Karte, auf der unterschiedliche Bilder – ähnlich wie in Sam Loyd's

146

(67)

»Teddy and the Lions«-Puzzle – miteinander verwoben sind (Abb. 67). Es handelt sich um Biergläser und Männergesichter. Werden die beiden oberen Teile miteinander vertauscht, so verschwindet ein Gesicht, und ein zusätzliches Bierglas taucht auf – offensichtlich hat sich ein Mann in ein Bierglas verwandelt.

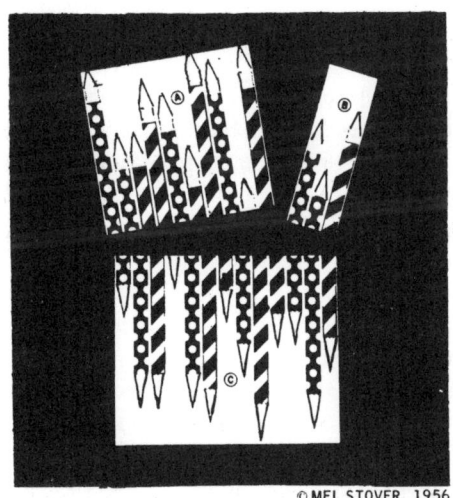

(68)

Der Gebrauch von miteinander vermischten Bildarten eröffnet viele erstaunliche Möglichkeiten. So zeichnete beispielsweise Stover eine andere Karte, auf der sich eine Reihe von Bleistiften befindet, wovon einige rot sind, die anderen blau (Abb. 68). Vertauscht man die zwei oberen Teile des Bildes, so verschwindet ein blauer Stift, und statt dessen taucht ein roter auf. Man hat den Eindruck, als habe ein Stift die Farbe gewechselt.

Mr. Stover selbst hat schon ausgeführt, daß man dieses Kunststück auch dreidimensional vorführen kann, indem man wirkliche, auf ein Holzbrett geklebte Bleistifte benutzt. Tatsächlich sind alle Paradoxa, die in diesem und dem nächsten Kapitel behandelt werden, auch dreidimensional vorführbar. Allerdings verstärkt sich in den meisten Fällen dadurch nicht der Effekt.

In allen Varianten des DeLand-Paradoxons muß die Anzahl der Gegenstände in den beiden Stücken A und B teilerfremd sein, d. h. die beiden Zahlen dürfen nur 1 als gemeinsamen Teiler haben. Im Kaninchen-Puzzle enthält beispielsweise Teil A vier Tiere und Teil B sieben. Ist wie in diesem Fall mit 11 die Gesamtzahl eine Primzahl, so kann man die Trennungslinie zwischen A und B beliebig setzen, da zwei Zahlen, deren Summe eine Primzahl ist, immer teilerfremd sind. In allen Varianten des Paradoxons können die Bilder so verschoben werden, daß das Verschwinden an jeder gewünschten Stelle in der Reihe eintreten kann.

Das DeLand-Prinzip läßt sich leicht auf die Kreisform von Loyd's »Verschwinde von der Erde« (S. 140 ff.) anwenden. Statt die chinesischen Krieger auf eine sich nach innen verjüngende Spirale zu setzen, könnte man sie auch in kleineren Gruppen in Stufenform anordnen. In diesem Fall müßte die Scheibe um mehrere Krieger weiter gedreht werden statt nur um einen. Der einzige Vorteil läge darin, daß die Figuren mehr zufällig angeordnet erschienen und daher das Prinzip des Paradoxons besser getarnt wäre.

Natürlich lassen sich auch von dieser Kreisform dreidimensionale Varianten konstruieren, indem man einfach die Bilder auf die Außenfläche eines Zylinders, eines Kegels oder einer Kugel malt und dann diesen Gegenstand so in Hälften teilt, daß diese leicht gegeneinander verdreht werden können.

8 Geometrisches Verschwinden – Teil 2

Das Schachbrett-Paradoxon

Mit den im letzten Kapitel diskutierten Bilder-Rätseln eng verwandt ist eine andere Art von Paradoxa, bei der das Prinzip der unbemerkten Aufteilung eine geheimnisvolle Verringerung oder Vergrößerung einer Fläche bewirkt. Eines der ältesten und einfachsten Beispiele zeigt Abb. 69.

Das Schachbrett links wird entlang der Diagonale in zwei Teile geschnitten. Teil B wird dann, wie rechts gezeigt, schräg nach unten verschoben. Wird jetzt das überstehende Dreieck rechts oben abgeschnitten und in die leere Stelle unten links eingepaßt, entsteht ein Rechteck mit 7 bzw. 9 Quadraten als Kantenlänge. Das ursprüngliche Quadrat hatte eine Fläche von 64 Quadrateinheiten, jetzt haben wir eine Fläche von 63. Was geschah mit dem fehlenden Quadrat?

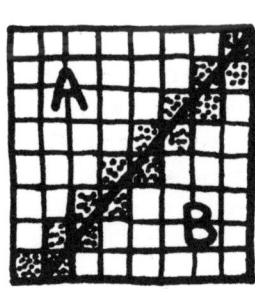 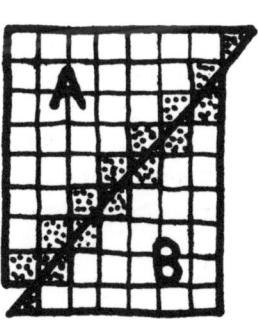

69

Die Antwort liegt in der Tatsache, daß die schräg verlaufende Schnittlinie – würde man sie sich verlängert denken – etwas unterhalb der linken unteren Ecke des Quadrats verläuft, aber genau durch die rechte obere Ecke geht. So bekommt das abgeschnittene Dreieck die Höhe von 1½ statt von 1 und das *gesamte* Rechteck die Höhe von 9½ Einheiten. Diese Vergrößerung der Höhe um ½ einer Einheit geschieht unmerklich, berücksichtigt man sie aber, so bekommt man natürlich auch im zweiten Fall eine Fläche von 64 Quadrateinheiten. Das Paradoxon wird noch erstaunlicher, wenn man die kleinen Quadrate nicht einzeichnet. Denn bei genauer Betrachtung kann man sehen, daß die kleinen Quadrate entlang der Diagonalen nicht ganz exakt passen.

Die Verbindung zwischen diesem und dem Linien-Paradoxon aus dem letzten Kapitel wird klar, sobald wir uns die Quadrate entlang der Diagonalen genauer ansehen. Wenn wir die Linie von unten nach oben entlangsehen, so stellen wir fest, daß die Teile oberhalb der Linie zunehmend kleiner und die unterhalb der Linie zunehmend größer werden (in der Abbildung punktiert gekennzeichnet). Während es auf dem Schachbrett 15 so punktierte Quadrate gibt, sind es, nachdem das Brett neu zusammengelegt worden ist, nur noch 14. Das offensichtliche Verschwinden eines punktierten Quadrats ist einfach eine andere Form des DeLand-Paradoxons, das im vorigen Kapitel diskutiert wurde. Wenn das kleine Dreieck abgeschnitten und umgesetzt wird, wird gewissermaßen Teil A des Schachbretts in zwei Teile geschnitten und deren Position entlang der Diagonale vertauscht. Die ganze Irreführung geschieht nur entlang der Diagonalen. Die anderen Quadrate spielen eigentlich in dem Puzzle gar keine Rolle. Sie sind nur Staffage. Doch wird durch diese Hinzufügung der ganze Charakter des Puzzles verändert. Denn: Statt nur ein kleines Quadrat in einer Reihe von Quadraten (oder auch komplizierterer Figuren wie Spielkarten, Gesichter usw., die man in die kleinen Quadrate zeichnen könnte) auf einem Blatt Papier verschwinden zu lassen, haben wir so scheinbar die Fläche einer größeren geometrischen Figur verändert.

Hooper's Paradoxon

Ein ähnliches Flächen-Paradoxon, bei dem die Verwandschaft zu DeLand's Prinzip noch deutlicher ist, findet man in William Hooper's »Rational Recreations«, Band 4 der Ausgabe von 1794, S. 286.

Werden die Positionen von A und C, wie in Abb. 70 gezeigt, vertauscht, so wird ein Rechteck aus 30 Quadraten in 2 kleinere von zusammen 32 Quadraten Flächeninhalt überführt – die Fläche hat sich um 2 Einheiten vergrößert. Wie vorher sind auch hier nur die Flächen entlang der Diagonale in den Wechsel einbezogen; der Rest ist nur Verzierung.

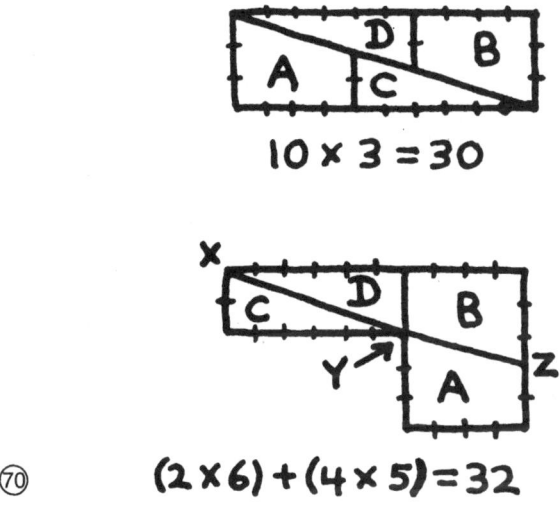

Es gibt zwei grundsätzlich unterschiedliche Arten, wie die Stücke in Hooper's Paradoxon geschnitten werden können. Konstruiert man zuerst das obere Rechteck und zeichnet dann exakt die Diagonale von Ecke zu Ecke, dann sind die beiden kleineren Rechtecke in der Abbildung jeweils um ⅕ Einheit niedriger, als sie zu sein scheinen. Konstruiert man aber zuerst die untere Figur und zeichnet die beiden Rechtecke *genau*, dann ist die Linie zwischen X und Z nicht genau gerade. Sie bildet einen Winkel mit dem Scheitel Y, doch ist dieser Winkel so stumpf, daß die Linie gerade erscheint. Entsprechend überlappen sich die Stücke ein bißchen, wenn aus diesen Teilen die erste Figur wieder gebildet wird. Auch das vorige Schachbrett-Paradoxon kann – wie die meisten anderen Paradoxa in diesem Kapitel – ähnlich auf zwei Arten konstruiert werden. Auf die eine Art gibt es stets einen kleinen Verlust respektive eine geringe Vergrößerung der Höhe (oder Breite), in der anderen treten Vergrößerung bzw. Verkleinerung entlang der Diagonalen auf: entweder – wie in diesem Fall – ein Überlappen oder auch ein kleiner Spalt, wie er später noch vorkommen wird.

Hooper's Paradoxon kann in einer unendlichen Vielfalt von Formen dargeboten werden, indem die Proportionen der Figuren oder die Steigung der Geraden verändert werden. Es kann so konstruiert werden, daß der Flächenverlust 1, 2, 3, 4 usw. bis zu unendlich vielen Einheiten beträgt. Je höher man jedoch mit der Zahl geht, desto leichter ist erkennbar, wie die scheinbar fehlenden Flächeneinheiten verteilt sind – es sei denn, man macht auch die Fläche so groß, daß dagegen die Anzahl der verschwindenden Flächeneinheiten wieder klein ist.

Flächenveränderung

Eine elegante Variante dieses Paradoxons beruht auf zwei Rechtecken, die so geformt sind, daß sie zusammengelegt ein perfektes Schachbrett mit 8 mal 8 kleinen Quadraten ergeben. Werden dann die Stücke so umgeordnet, daß sich ein großes Rechteck ergibt, so hat sich die Fläche scheinbar um eine Einheit vergrößert (Abb. 71).

Wird das Quadrat *genau* konstruiert, dann hat das große Rechteck keine genaue Diagonale, sondern an ihr entlang zieht sich ein rhombenförmiger Zwischenraum. Er ist jedoch so langgestreckt, daß man ihn kaum bemerkt. Zeichnet man umgekehrt das große Rechteck mit einer genauen Diagonale, dann wird das obere Rechteck im Quadrat ein bißchen höher sein, als es sollte, und das untere ein bißchen breiter. Das schlechte Passen, das sich bei der zweiten Methode einstellt, wird eher bemerkt als die Ungenauigkeit längs

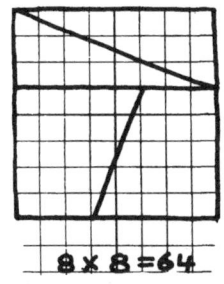

$8 \times 8 = 64$

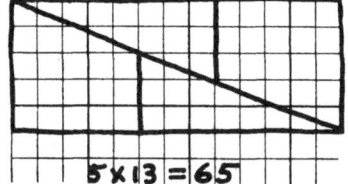

⑦

$5 \times 13 = 65$

der Diagonale bei der ersten Verfahrensweise; daher sollte man diese vorziehen. Wie im vorigen Beispiel kann man auch hier Kreise, Gesichter oder andere Figuren in die Quadrate entlang der Diagonalen zeichnen. Von diesen Gestalten geht eine verloren oder kommt dazu – je nachdem, wie man die Stücke umordnet.

In »Mathematical Recreations and Essays« gibt W. W. Rouse Ball 1868 als das – nach seinem Wissen – früheste Datum an, zu dem dieses Paradoxon veröffentlicht wurde. Der ältere Sam Loyd diskutiert es in seiner »Cyclopedia of 5000 Puzzles« (S. 288) und behauptet, er habe es 1858 dem amerikanischen Schachkongreß vorgeführt. In seiner Spalte im »Daily Eagle« von Brooklyn bezeichnet er es als »mein altes Schachbrett-Schneide-Problem, das in enger Beziehung zu dem verschwundenen Chinesen steht. Wenn Sie dieses Paradoxon verstehen«, schrieb er, »werden Sie ein bißchen ahnen, wie es der Chinese anstellt, von der Erde zu verschwinden.« Es ist schwer, diesen Worten zu entnehmen, ob Loyd den Anspruch erhob, dieses Paradoxon erfunden zu haben, oder ob er bloß sagen wollte, daß er der erste gewesen sei, der es dem Publikum vorgestellt habe.

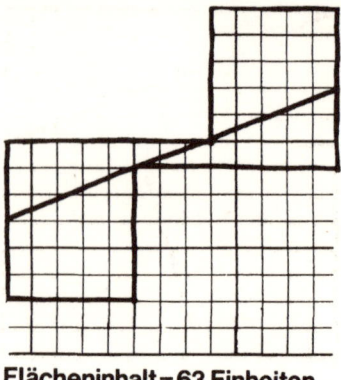

⑦₂ **Flächeninhalt = 63 Einheiten**

Sam Loyd's Sohn (der seines Vaters Namen übernahm und dessen Rätselspalten fortführte) entdeckte dann als erster, daß die vier Stücke so zusammengebracht werden können, daß sich die Fläche auf 63 Quadrate reduziert (Abb. 72).

Fibonacci-Reihen

Die Längen der verschiedenen Seitenteile, aus denen die vier Stücke (Abb. 73) gebildet werden, liegen in einer Fibonacci-Reihe, einer Zahlenfolge, bei der jede Zahl die Summe der beiden vorangegangenen ist. Die hier benötigte Reihe lautet 1-1-2-3-5-8-13-21-34 usw.

Die Anordnung der Stücke zu einem Rechteck illustriert eine Eigenschaft dieser Fibonacci-Reihen, nämlich die, daß das Quadrat einer Zahl dieser Reihe gleich dem Produkt der beiden nebenstehenden Zahlen plus bzw. minus 1 ist. In diesem Fall hat das Quadrat die Seitenlänge 8, also die Fläche 64. 8 liegt in der Fibonacci-Reihe zwischen 5 und 13. Da die Seiten des Rechtecks automatisch 5 und 13 Einheiten lang werden, muß dieses eine Fläche von 65 Quadrateinheiten haben, also eine mehr als das Quadrat.

Unter Ausnutzung dieser Eigenschaft der Reihe kann man das Quadrat mit einer beliebigen Seitenlänge aus der Fibonacci-Reihe (außer den ersten beiden Gliedern) konstruieren. Dann zerschneidet

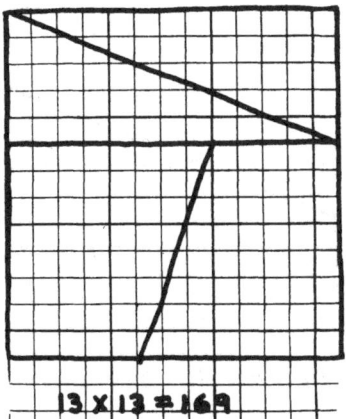

(73)   13 x 13 = 169

man es entsprechend den umliegenden Zahlen der Reihe. Wählt man
z. B. ein Quadrat mit der Kantenlänge 13, dann teilt man drei Seiten
in die Abschnitte 5 und 8 und zeichnet die Schnittlinien so, wie es in
Abb. 73 vorgegeben ist. Das Quadrat hat eine Fläche von 169
Quadrateinheiten. Das Rechteck, das aus den so entstandenen
Stücken gebildet wird, hat die Seitenlängen 21 und 8, als Fläche also
168. Infolge eines Überlappens entlang der Diagonalen im Rechteck
ist eine Quadrateinheit verschwunden statt hinzugekommen.

Auch wenn man 5 als Kantenlänge des Quadrats wählt, verschwindet eine Flächeneinheit. Dies führt zu einer höchst sonder-
baren Regel: Werden zwei in der Fibonacci-Reihe nebeneinanderstehende Zahlen als Kantenlängen für zwei verschiedene Quadrate
gewählt, so ergibt sich einmal entlang der Diagonalen im Rechteck
ein Spalt und damit eine scheinbare Vergrößerung der Fläche,
während das andere Mal sich die Stücke an der Diagonalen überlappen und sich die Fläche infolgedessen scheinbar verringert. Je größer
man die Zahlen aus der Reihe wählt, desto unauffälliger werden
Spalt und Überlappung. Umgekehrt werden sie um so leichter
entdeckt, je niedriger die Zahl ist. Man kann sogar ein Quadrat mit
nur 2 Einheiten Kantenlänge wählen. In diesem Fall ist die Überlappung in dem 1 mal 3 Einheiten großen Rechteck aber so groß, daß
sich niemand über den Effekt wundern wird.

Offensichtlich wurde das Quadrat-Rechteck-Paradoxon erstmals von V. Schlegel verallgemeinert und mit diesen Fibonacci-Reihen in Verbindung gebracht. Er veröffentlichte es in der »Zeitschrift für Mathematik und Physik«, 1879, Band 24, S. 123. E. B. Escott veröffentlichte eine ähnliche Analyse in »Open Court«, 1907, Band 21, S. 502, und beschrieb eine leicht unterschiedliche Schnittanweisung. Lewis Carroll interessierte sich sehr für dieses Paradoxon und hinterließ einige unvollständige Notizen mit Formeln, wie man andere Maße für die entsprechenden Stücke finden kann.

Eine unendlich große Anzahl anderer Varianten erhält man bei Verwendung anderer Fibonacci-Reihen. Quadrate, die auf der Reihe 2, 4, 6, 10, 16, 26 usw. beruhen, führen zu Gewinnen oder Verlusten von 4 Flächeneinheiten. Ob Gewinn oder Verlust auftritt, sieht man sofort, wenn man das Quadrat einer Zahl mit dem Produkt der beiden nebenstehenden Zahlen vergleicht. Die Reihe 3, 4, 7, 11, 18 usw. führt zu Gewinn oder Verlust von 5 Flächeneinheiten. T. de Moulidars bildet in seiner »Grande Encyclopédie des Jeux«, Paris 1888, S. 459, ein Quadrat ab, das auf der Reihe 1, 4, 5, 9, 14 usw. beruht. Das Quadrat hat 9 als Kantenlänge und wird in ein Rechteck überführt, wobei 11 Quadrateinheiten verloren gehen. Ebenso führt die Reihe 2, 5, 7, 12, 19 usw. zu Verlust oder Gewinn von 11 Einheiten. Jedoch ist bei den beiden letztgenannten Reihen die Überlappung bzw. der Spalt so groß, daß er bemerkt werden kann.

Sind A, B und C drei nebeneinanderstehende Zahlen einer Fibonacci-Reihe und X der Gewinn bzw. Verlust, so gelten die beiden folgenden Formeln:

$$A + B = C$$
$$B^2 = AC \pm X$$

Für X kann man jeden gewünschten Gewinn oder Verlust einsetzen und eine beliebige Zahl B als Quadratseite wählen. Dann ist es möglich, mit quadratischen Gleichungen die anderen beiden Zahlen der Fibonacci-Reihe festzulegen. Es müssen allerdings nicht unbedingt rationale Zahlen sein. So ist es beispielsweise unmöglich, Gewinne oder Verluste von 2 oder 3 Quadrateinheiten zu bekommen, wenn man das Quadrat in Stücke mit rationalen Kantenlängen schneidet. Mit irrationalen Zahlen hingegen ist natürlich solch ein Ergebnis durchaus erreichbar. $\sqrt{2}$, $2\sqrt{2}$, $3\sqrt{2}$, $5\sqrt{2}$ usw. führen zu einem Verlust bzw. Gewinn von 2 Einheiten, während die Fibonacci-Reihe $\sqrt{3}$, $2\sqrt{3}$, $3\sqrt{3}$, $5\sqrt{3}$ usw. 3 als Verlust oder Gewinn ergibt.

Langman's Version

Es gibt viele andere Wege, Rechtecke in eine kleine Anzahl Stücke zu schneiden und die Stücke neu zu einem anderen Rechteck mit größerer oder kleinerer Fläche wieder zusammenzulegen; eines dieser Paradoxa wurde von Dr. Harry Langman aus New York City entwickelt (Abb. 74).

Langman's Rechteck basiert ebenfalls auf einer Fibonacci-Reihe. Ähnlich wie bei dem soeben diskutierten Quadrat führt die Umordnung eines Rechtecks, dessen Kantenlängen aus zwei nebeneinanderstehenden Zahlen einer Fibonacci-Reihe gebildet sind (in diesem Fall beim ersten Rechteck 8 und 13), zu einem Anwachsen der

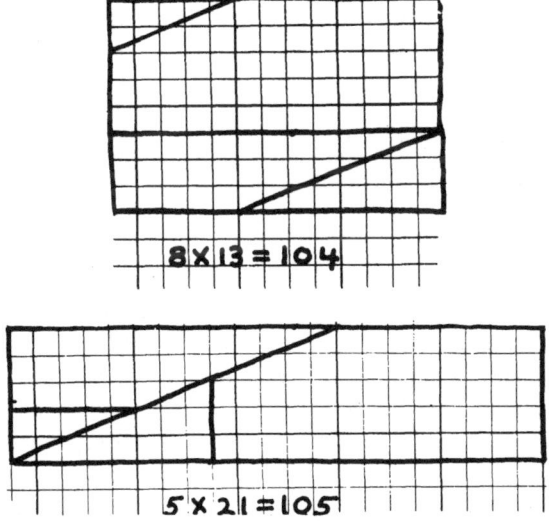

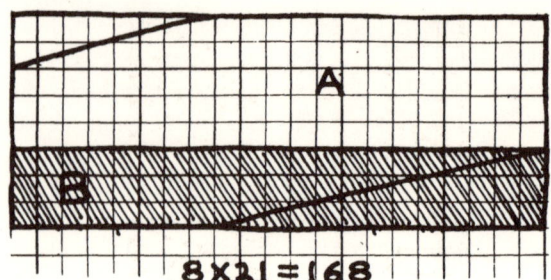

Fläche im zweiten Rechteck um eine Einheit. Werden danebenliegende Zahlenpaare für das ursprüngliche Rechteck benutzt, so führt das zu einem Flächenverlust im zweiten Rechteck. Gewinn und Verlust sind auch hier von einem kleinen Spalt oder einer unmerklichen Überlappung begleitet. Eine andere Version von Langman's Rechtecken, bei der sich ein Anwachsen der Fläche des zweiten Rechtecks um 2 Einheiten ergibt, ist in Abb. 75 dargestellt.

Nimmt man den schraffierten Teil dieses Rechtecks und setzt ihn oben auf den unschraffierten, bilden die beiden schrägen Schnitte eine lange Diagonale. Werden die Teile A und B vertauscht, so ergibt sich ein zweites Rechteck mit größerer Fläche. Man sieht also, daß Langman's Paradoxon nur eine andere Form von Hooper's schon diskutiertem Paradoxon ist.

Curry's Paradoxon

Nun sollten wir unsere Aufmerksamkeit einer einfachen Form von Hooper's Paradoxon zuwenden. In der oberen Figur von Abb. 76 verursacht ein Vertauschen der Dreiecke B und C einen scheinbaren Flächenverlust von einer Einheit der Gesamtfläche.

Sie werden bemerken, daß es auch eine Veränderung in der gestrichelten Fläche gibt. Sie besteht aus 15 schraffierten Quadraten oben und 16 unten. Füllt man diese schraffierten Flächen mit zwei seltsam geformten Stücken aus, so ergibt sich eine verblüffende neue Art, das Paradoxon zu präsentieren (Abb. 77). Ein Rechteck, das in

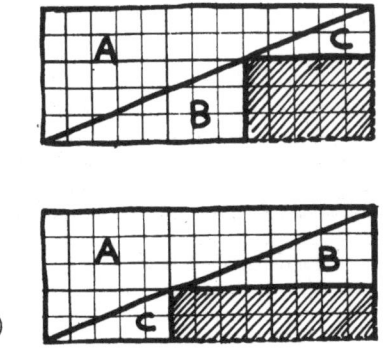

⑦⑥

fünf Teile geschnitten werden kann und dann umgeordnet wird, bildet ein Rechteck identischer Größe, aber mit einem Loch von einer Quadrateinheit mitten darin!

Dieses schöne Paradoxon hat der New Yorker Amateurzauberer Paul Curry erfunden. 1953 stellte er diese brillante Art vor, die Teile so zu schneiden und neu anzuordnen, daß sich eine identische Figur mit einem Loch in der Mitte ergibt. Liegt in der obigen Version von Curry's Paradoxon Punkt X exakt 5 Einheiten von der Seite und 3 von unten entfernt, dann ist die Diagonale nicht perfekt gerade. Die Abweichung ist allerdings so gering, daß sie im allgemeinen kaum bemerkt wird. Werden B und C vertauscht, so ergibt sich ein leichtes Überlappen entlang der Diagonalen in der zweiten Figur.

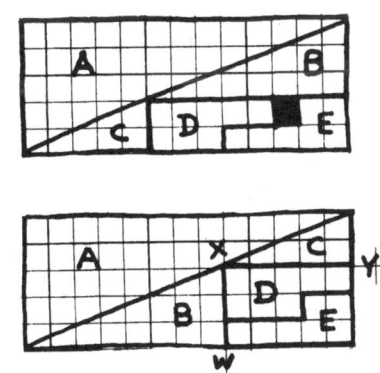

⑦⑦

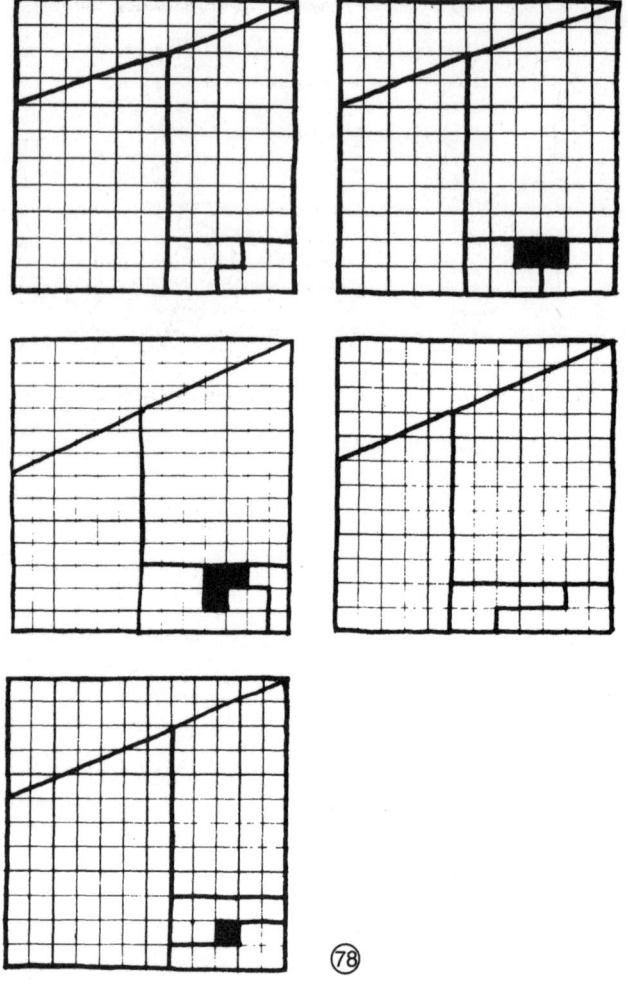

78

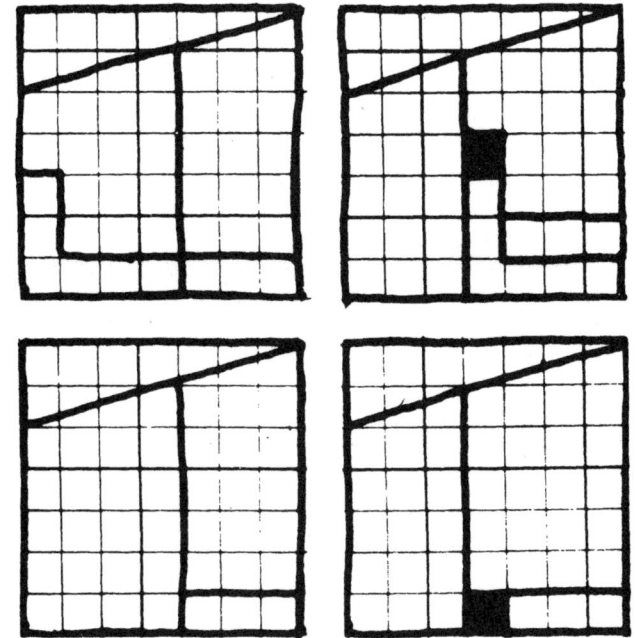

(78)

Wird andererseits die Diagonale in der ersten Figur exakt von Ecke zu Ecke gezogen, dann ist die Linie XW etwas länger als 3 Einheiten. Infolgedessen ist auch das zweite Rechteck leicht höher, als es zu sein scheint. Den ersten Fall kann man sich so vorstellen, als ob das fehlende Quadrat entlang der Diagonalen verteilt worden wäre und dort die Überlappung bilden würde. Im zweiten Fall ist das fehlende Quadrat gewissermaßen entlang der Breite des Rechtecks verteilt. Wie schon früher bemerkt, gibt es für alle Paradoxa dieser Art diese beiden Konstruktionsvarianten. In beiden Fällen sind die Abweichungen in den Figuren so klein, daß sie nicht bemerkt werden können.

Die elegantesten Versionen von Curry's Paradoxon sind Quadrate, die auch noch nach der Umordnung Quadrate bleiben – jetzt aber mit einem Loch in der Mitte. Curry hat verschiedene Varianten ausgearbeitet; es ist ihm aber nicht gelungen, die Anzahl der Stücke auf weniger als fünf zu bringen und doch noch ein Loch zu erhalten, das den Rand nicht berührt. Curry's Quadrate gibt es mittlerweile in unzähligen Variationen mit Löchern jeder gewünschten Größe. Ein paar weitere interessante Formen sind in Abb. 78 wiedergegeben.

Der New Yorker Augenarzt Dr. Alan Barnert lenkte meine Aufmerksamkeit auf eine einfache Formel, die die Größe des Lochs zu den relativen Proportionen der drei größeren Stücke in Beziehung setzt. Die drei in Frage kommenden Längen sind in Abb. 79 mit A, B und C bezeichnet.

Der Unterschied zwischen dem Produkt aus A und C und dem nächsten Vielfachen von B gibt die Anzahl der Quadrateinheiten in dem Loch an. In dem obigen Beispiel ist das Produkt aus A und C 25. Das Vielfache von B, das am dichtesten an 25 herankommt, ist 24. Dieser Differenz entsprechend umfaßt das Loch 1 Flächeneinheit. Diese Regel ist unabhängig davon, ob man die Diagonale exakt als gerade Linie zeichnet oder ob der Punkt X der Abb. 79 exakt auf einen Schnittpunkt des Gitters fällt. Ist allerdings die Diagonale perfekt gerade *und* liegt X auf einem Gitterpunkt, so erhält man kein Paradoxon. In solchen Fällen liefert die Formel den Wert O als Lochgröße, was natürlich bedeutet, daß es kein Loch gibt.

Meiner Meinung nach werden Curry's Quadrate am besten dadurch gebildet, daß man die Diagonalen genau zeichnet, so daß sich Gewinn bzw. Verlust in einer leichten Höhenänderung des Quadrats bemerkbar machen. Werden keine kleinen Quadrate auf die Figur gezeichnet, so sind diese Änderungen nicht zu sehen. Man kann kleine Bilder an diejenigen Stellen zeichnen, an denen kleine Quadrate wären, hätte die Figur ein solches Muster. Eines dieser Bilder wird natürlich verschwinden. Das Loch suggeriert, daß das Bild an der Stelle verschwunden ist, wo das Loch auftaucht, obwohl in Wirklichkeit – wie oben dargelegt – das Verschwinden längs der Diagonale stattfindet.

Eine andere unterhaltsame Darbietungsform besteht darin, daß man die Stücke aus Holz, Kunststoff oder Linoleum anfertigt, und zwar sollte man sie so schneiden, daß die vollständigen Quadrate stramm in eine Schachtel passen. Das Loch wird dabei mit einem kleinen

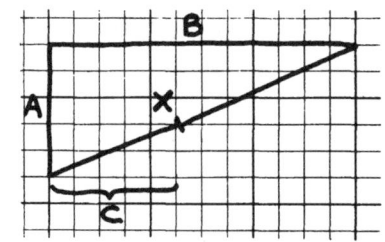

quadratischen Stück verschlossen. Zur Vorführung dieses Paradoxons werden dann die Stücke auf den Tisch gekippt und derart in die Schachtel zurückgelegt, daß, nachdem sie wieder stramm eingepaßt sind, kein Platz für das kleine, quadratische Stück bleibt. Die meisten Zuschauer werden dies Phänomen äußerst rätselhaft finden.

Royal V. Heath besaß ein Quadrat aus polierten Metallstücken, die in eine kleine Plastikschale paßten. Zwischen dem Quadrat und einer Seite der Schachtel ist Platz für ein Plastiklineal, das an der Seite *steht* und genauso lang ist wie eine Quadratseite. Es wird als erstes herausgenommen, und der Zauberer mißt nach, ob die Schachtel wirklich quadratisch ist. Dann werden die Stücke herausgenommen und so wieder zurückgelegt, daß ein Loch entsteht. Da ja jetzt das Lineal nicht mehr in der Schachtel ist, wird ihr Innenraum um die Dicke des Lineals breiter – folglich liegen die Metallstücke ebenso stramm an wie vorher. Auf den Stücken dieser Ausführung ist keinerlei Muster.

Ich halte es für möglich, daß man die Kanten der Stücke leicht abschrägen könnte, so daß sich die Stücke in der einen Anordnung leicht überlappen, in der anderen Anordnung nicht. Auf diese Weise könnten die äußeren Dimensionen der Quadrate in beiden Anordnungen exakt gleich bleiben.

Curry-Dreiecke

Mein eigener kleiner Beitrag zu dieser wachsenden Zahl von Paradoxa ist die Entdeckung einfacher Dreiecksformen. Wenn man sich
das erste Beispiel von Curry's Paradoxon (Abb. 77) vor Augen
führt, bemerkt man, daß das große Dreieck A in fester Stellung
bleibt und nur die anderen Stücke verschoben werden. Da dieses
Dreieck A in dem Paradoxon keine wesentliche Rolle spielt, kann
man es auch ganz weglassen. Übrig bleibt ein rechtwinkliges
Dreieck aus vier Stücken. Diese vier Stücke können dann umgeordnet werden (Abb. 80) und bilden so ein scheinbar identisches
Dreieck mit einem Loch. Setzt man diese beiden rechtwinkligen
Dreiecke nebeneinander, so lassen sich vielfältige gleichschenklige
Dreiecke, ähnlich denen in Abb. 81, bilden.

Wie die früher diskutierten Paradoxa lassen sich auch diese
Dreiecke auf zwei verschiedene Arten konstruieren. Man kann
ihnen vollständig gerade Seiten geben – dann fallen die Punkte X
nicht genau auf die Gitter-Schnittpunkte; oder man setzt die Punkte

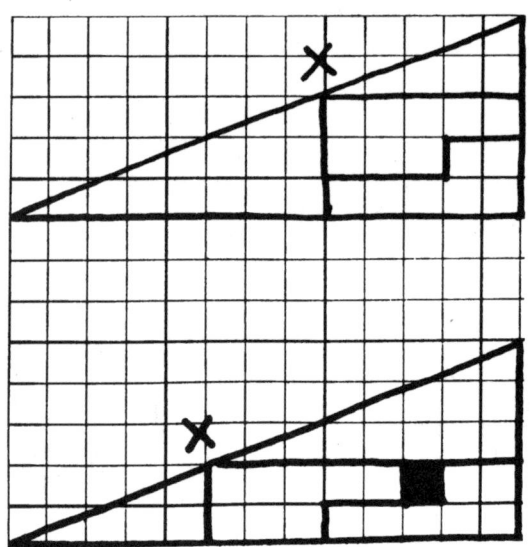

⑧⓪

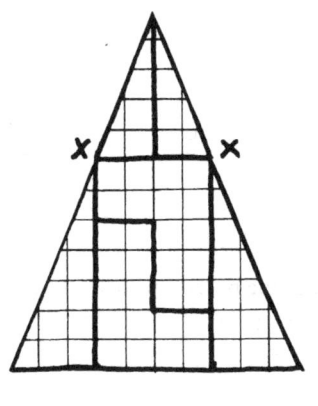 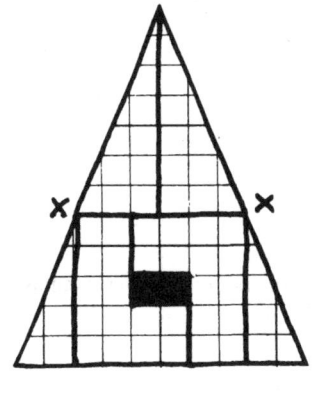

81

X genau auf Schnittpunkte – dann werden die Seiten leicht konvex respektive konkav. Die letztere Schneidemethode scheint mir etwas irreführender zu sein. Das auf diese Art entstandene Paradoxon ist besonders verblüffend, wenn Gitterlinien auf die Stücke gezeichnet sind. Denn sie betonen die Genauigkeit, mit der die verschiedenen Stücke konstruiert sind.

Gleichschenkligen Dreiecken kann man eine Vielzahl an Formen geben, bei denen sich jede gewünschte gerade Anzahl verlorener

82

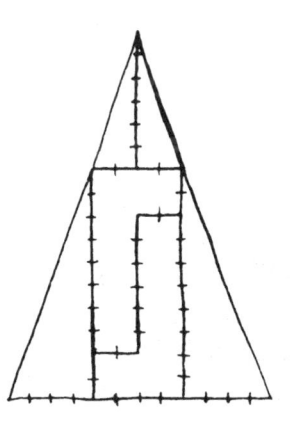 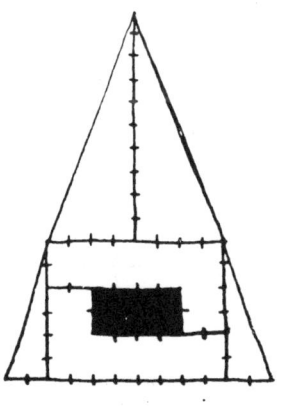

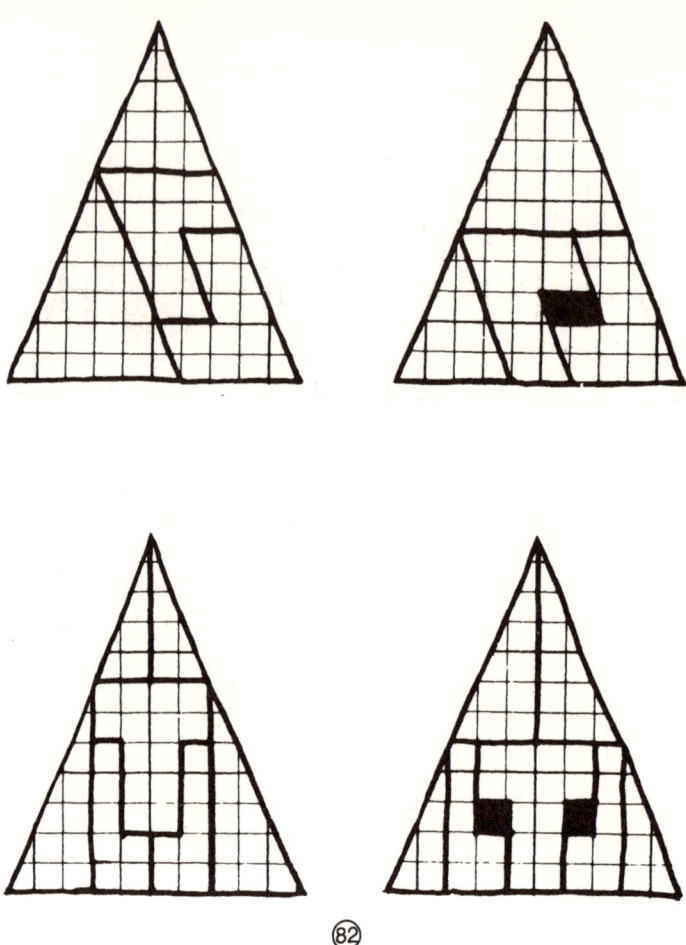

oder hinzugekommener kleiner Quadrate ergeben kann. Davon werden hier einige repräsentative Beispiele gezeigt (Abb. 82).

Werden zwei gleichschenklige Dreiecke eines beliebigen gezeigten Typs an der Basis zusammengelegt, so lassen sich verschiedene rhombenförmige Figuren bilden. Das bringt für das Paradoxon allerdings nichts wesentlich Neues.

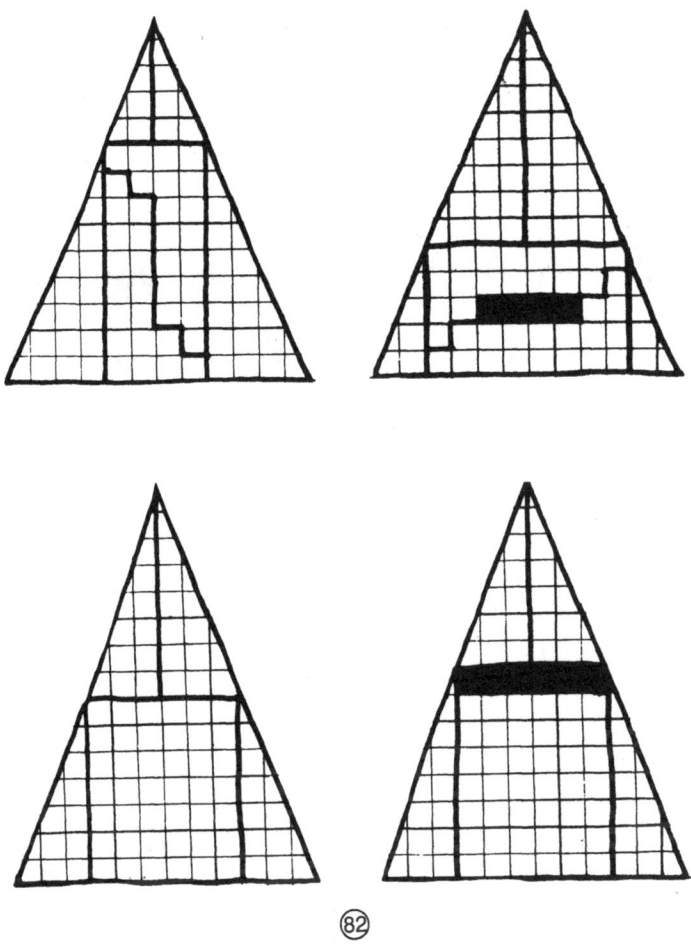

Quadrate aus vier Stücken

Alle bisher diskutierten Paradoxa, bei denen sich die Fläche änderte, waren – was ihre Konstruktion und die Vorgehensweise betrifft – verwandt. Es gibt aber auch andere Formen, die sich in der Konstruktion sehr davon unterscheiden. So kann man beispiels-

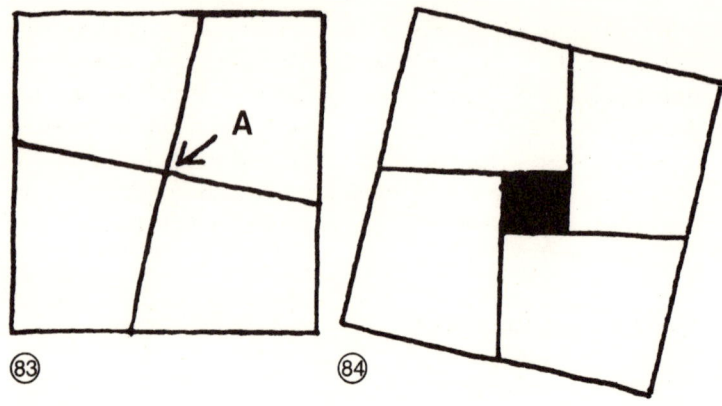

(83)   (84)

weise ein Quadrat in vier Stücke gleicher Größe und Form schneiden (Abb. 83). Werden die vier Stücke neu geordnet (Abb. 84), so
bilden sie ein Quadrat scheinbar gleicher Größe, jedoch mit einem
Loch von 4 Flächeneinheiten in der Mitte.

Jedes Rechteck beliebiger Gestalt kann ähnlich geschnitten werden. Immer ergibt sich bei Neuordnung der Stücke ein Loch in der
Mitte. Die Größe dieses Lochs hängt von dem Winkel ab, unter dem
die Stücke geschnitten wurden. Der Flächengewinn, den das Loch
für die Figur bewirkt, verteilt sich natürlich über den gesamten
Umfang des Rechtecks. Das Paradoxon ist von verlockender Einfachheit, doch bedarf es leider einer nur oberflächlichen Betrachtung, um zu erkennen, daß die Seiten des zweiten Rechtecks etwas
länger sind als die des ersten.

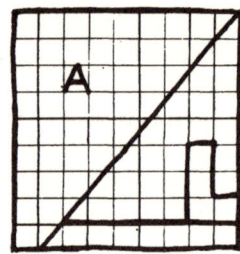 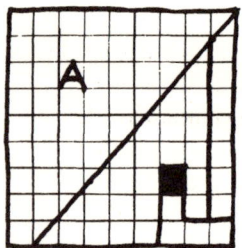

(85)

168

Ein etwas komplizierteres Verfahren, ein Quadrat derart in vier Teile zu schneiden, daß sich in seinem Inneren ein Loch auftut, ist in Abb. 85 gezeigt. Es basiert auf dem Schachbrett-Paradoxon, das zu Beginn dieses Kapitels geschildert wurde. Zwei Stücke müssen umgedreht werden, um das zweite Quadrat zu bilden. Entfernt man Teil A, so erhält man wiederum ein rechtwinkliges Dreieck, in dessen Inneres man ebenfalls ein Loch hineinzaubern kann.

Quadrate aus drei Stücken

Gibt es auch Methoden, ein Quadrat so in *drei* Stücke zu schneiden, daß in seinem Inneren ein Loch entsteht, wenn man sie anders wieder zusammenfügt? Die Antwort ist positiv. Eine von Paul Curry vorgeschlagene, elegante Lösung beruht auf einer Umarbeitung des in Kapitel 7 diskutierten DeLand-Paradoxons. Statt die Bilder auf verschiedene Höhen zu stellen und einen geraden horizontalen Schnitt vorzunehmen, setzt man hier die Bildeinheiten auf eine gerade Linie und führt einen Zickzackschnitt hindurch. Das Ergebnis ist überraschend: Es verschwindet nicht nur ein Bild, sondern zusätzlich erscheint an der Stelle, wo das Bild vermißt wird, ein Loch.

Quadrate aus zwei Stücken

Kann man dies auch mit *zwei* Schnitten erreichen? Ich hätte nie geglaubt, daß es möglich sei, mit irgendeiner Methode ein inneres Loch in einem zweiteiligen Quadrat zu produzieren, ohne daß Höhe oder Breite des Quadrats merklich zunähmen.

Paul Curry hat dennoch gezeigt, daß es möglich ist, wenn man das oben im Zusammenhang mit Loyd's Paradoxon von den verschwindenden chinesischen Kriegern erklärte Prinzip anwendet. Statt die Bilder auf eine Spirale oder eine Zickzacklinie zu stellen, werden sie jetzt entlang eines gedachten Kreises innerhalb des Quadrats angeordnet. Dann erfolgt der *Schnitt* entweder spiralförmig oder in Zickzacklinien (etwa wie bei einem Zahnrad mit unterschiedlich großen Zähnen). Wird das Rad gedreht, so verschwindet ein Bild, und ein Loch erscheint. Die Teile passen nur dann ganz genau zusammen, wenn das Loch erscheint. In den anderen Stellungen gibt es entweder einen kleinen Spalt an jedem Zahn (bei Zickzackschnitt) oder einen gleichmäßigen Spalt entlang des Spiralschnittes.

Ist ein Rechteck, das zerschnitten werden soll, nicht quadratisch, dann ist es möglich, es so in zwei Teile zu schneiden, daß sich im Inneren ein Loch ergibt und die äußeren Dimensionsänderungen kaum wahrnehmbar bleiben. Ein Beispiel, das ich 1954 ausgearbeitet habe, ist in Abb. 86 dargestellt. Beide Stücke haben identische Form und Größe. Ein einfacher Weg, das Paradoxon zu demonstrieren, besteht darin, die Stücke aus Pappe auszuschneiden und sie dann zusammen auf einen größeren Bogen Papier zu legen. Jetzt können die Umrisse mit einem Stift auf dem Papier fixiert werden. Werden die Stücke dann anders zusammengefügt, so hat die Figur immer noch die gleichen Außenabmessungen, obwohl plötzlich ein Loch in der Mitte des Rechtecks aufgetaucht ist. Natürlich kann man jetzt noch einen Streifen neben das Rechteck legen und so ein Quadrat erhalten. Dadurch ergibt sich ein weiteres Verfahren, ein Quadrat so in drei Stücke zu schneiden, daß sich nach Umordnung – bei gleicher äußerer Gestalt – in seinem Inneren ein Loch befindet.

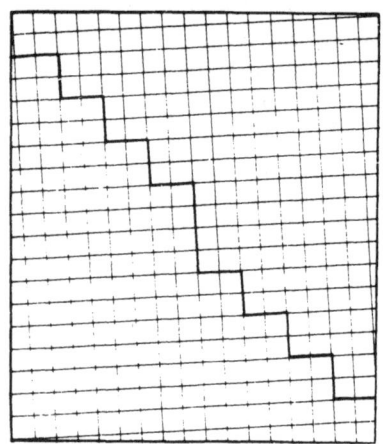

Gebogene und dreidimensionale Formen

An diesen Beispielen sollte klar geworden sein, daß das Feld »Paradoxa sich verändernder Flächen« erst am Beginn seiner Entdeckung steht. Gibt es gebogene Formen wie etwa Kreise oder Ellipsen, die so geschnitten und neu angeordnet werden können, daß in ihrem Inneren ein Loch erscheint, ohne daß sich die Form merklich ändert? Gibt es dreidimensionale Formen mit denselben Eigenschaften, die nicht bloß Erweiterungen der zweidimensionalen sind? Denn natürlich kann jeder der vorhin beschriebenen Figuren eine dritte Dimension schon dadurch gegeben werden, daß man sie aus einem Brett sägt. Gibt es aber einfache Wege, beispielsweise einen Würfel oder eine Pyramide so zu zerlegen, daß sich nach Umordnung im Inneren ein beträchtliches Loch ergibt?

Ohne Begrenzung der Anzahl von Einzelteilen lassen sich solche festen Körper leicht konstruieren. Curry's Prinzip ist auch anwendbar auf einen Würfel, in dem sich ein innerer Hohlraum ergibt, doch ist es eine viel schwierigere Frage, mit welcher kleinstmöglichen Anzahl von Einzelstücken dies noch möglich ist. Sicherlich kann solch ein Würfel aus sechs Stücken gebaut werden, doch könnten andere Schnittanordnungen diese Zahl reduzieren. Ich kann mir eine schöne Bühnendarbietung eines solchen Würfels vorstellen: Man holt ihn aus einer Kiste, die er vollständig ausfüllt, nimmt ihn auseinander und findet eine Murmel in seinem Innern. Dann setzt man ihn wieder zu einem *festen* Würfel zusammen, der (trotz des Raumverlustes) wieder genau in die Kiste paßt. Es muß eine Vielfalt von Formen geben, zwei- ebenso wie dreidimensionale, die einfach und elegant sind. Zukünftige Entdecker werden viel Freude bei der Erforschung dieser merkwürdigen Welt haben.

9 Zauberei mit Zahlen

In diesem Kapitel werden Tricks dargestellt, für die man nur Zahlen benötigt – natürlich auch Stifte und Papier bzw. eine Tafel, auf denen Berechnungen durchgeführt werden können. Kunststücke dieser Art lassen sich in drei Kategorien einteilen: blitzschnelles Rechnen, Vorhersagen und Gedankenlesen.

Es gibt ziemlich viel Literatur, die sich mit der ersten Kategorie beschäftigt. Kunststücke im Kopfrechnen werden jedoch fast immer als Demonstration der diesbezüglichen Fähigkeiten und nicht als Magie vorgeführt. Daher werden hier nur vier Blitzrechenkunststücke gestreift, die die Phantasie von Zauberern angeregt haben. Es sind: 1. Bestimmung des Wochentages eines beliebigen Datums, das von einem Zuschauer genannt wird (ist schon kurz als Kalendertrick in Kapitel 4 diskutiert worden); 2. die Schach-Springer-Tour; 3. Konstruktion eines magischen Quadrats, das auf einer vom Publikum genannten Summe beruht; 4. schnelle Berechnung von Kubikwurzeln.

Die Schach-Springer-Tour ist so oft in der Literatur über mathematische Unterhaltung diskutiert worden, daß sie hier nicht erklärt werden muß. Harry Kellar (1849–1922), einer der beliebtesten und volkstümlichsten amerikanischen Künstler seiner Zeit, pflegte den Trick in seine Bühnenvorstellungen einzubauen (zusammen mit der Demonstration von Kubikwurzel-Ziehen); heute führen ihn leider nur noch wenige Zauberer vor. Auch magische Quadrate erwecken wenig Interesse beim modernen Publikum. Wenn der Leser eine einfache Methode kennenlernen will, ein magisches Quadrat mit 16 Feldern aus einer genannten Summe zu bilden, so findet er sie in Ted Annemann's »Book without a Name« aus dem Jahre 1931.

Schnelles Kubikwurzel-Ziehen

Das Ziehen der 3. Wurzel beginnt damit, daß man einen Zuschauer bittet, eine Zahl zwischen 1 und 100 auszuwählen, diese mit 3 zu potenzieren und das Ergebnis kundzutun. Sofort nennt der Zauberkünstler die 3. Wurzel aus jeder genannten Zahl. Will man den Trick durchführen, muß man sich zuerst einmal die 3. Potenzen der Zahlen von 1 bis 10 merken:

1 –	1	6 –	216
2 –	8	7 –	343
3 –	27	8 –	512
4 –	64	9 –	729
5 –	125	10 –	1000

Ein Blick auf diese Liste zeigt, daß alle Potenzen auf unterschiedliche Ziffern enden, und zwar entspricht diese Schlußziffer bis auf die Fälle 2, 3, 7 und 8 genau den Kubikwurzeln. Bei diesen vier Zahlen jedoch ist die Endziffer gleich der Differenz von 10 und der Kubikwurzel.

Diese Information wird während der Blitzrechnung folgendermaßen verwendet: Ein Zuschauer nennt z. B. die Zahl 250047. Die letzte Ziffer ist eine 7. Damit weiß der Zauberer, daß die letzte Ziffer der Wurzel eine 3 sein muß. Die erste Ziffer der Kubikwurzel wird dann so bestimmt: Man trennt die letzten drei Ziffern von der Potenz ab (unabhängig davon, wie groß die Zahl ist) und betrachtet die Restzahl; in diesem Beispiel ist es 250. In der obigen Liste liegt 250 zwischen den 3. Potenzen von 6 und 7. Die kleinere der beiden Zahlen, in diesem Fall die 6, ist die erste Ziffer der Kubikwurzel. Die richtige Antwort lautet also 63.

Ein weiteres Beispiel macht das noch klarer. Ist die genannte Zahl 19 683, so zeigt die letzte Ziffer 3 an, daß die Kubikwurzel auf 7 endet. Das Abtrennen der letzten drei Ziffern liefert als Rest die Zahl 19. Diese Zahl liegt zwischen den Potenzen von 2 und 3. Die kleinere Zahl ist 2, also ist 27 die Kubikwurzel von 19 683.

Ein professioneller Blitzrechner hätte wahrscheinlich die 3. Potenzen aller Zahlen zwischen 1 und 100 im Kopf und würde dann dieses Wissen benutzen, um noch größere Wurzeln zu ziehen. Aber schon die hier beschriebene Methode ist ein leichter, aber wirkungs-voller Trick für den Amateur. Seltsamerweise gibt es noch einfa-chere Regeln, um ganzzahlige Wurzeln von höherer Ordnung als der 3. aufzufinden. Besonders leicht lassen sich die 5. Wurzeln berechnen, da jede Zahl dieselbe Endziffer hat wie ihre 5. Potenz.

Addition einer Fibonacci-Reihe

Ein weniger bekanntes Schnellrechenkunststück beschäftigt sich damit, fast augenblicklich zehn Zahlen einer beliebigen Fibonacci-Reihe zu addieren (bei Fibonacci-Reihen ist jedes Glied die Summe der beiden vorherigen Glieder). Der Trick kann beispielsweise so vorgeführt werden: Der Zauberer bittet jemanden, zwei beliebige Zahlen aufzuschreiben. Zur Verdeutlichung wollen wir annehmen, der Zuschauer hätte 8 und 5 gewählt. Er schreibt beide Zahlen untereinander und wird dann gebeten, diese zu addieren, um eine dritte Zahl zu bekommen. Diese dritte wird zu der darüberstehen-den, der zweiten, addiert. So erhält man eine vierte Zahl. Damit fährt man fort, bis zehn Zahlen in einer Reihe untereinander stehen:

$$
\begin{array}{r}
8 \\
5 \\
13 \\
18 \\
31 \\
49 \\
80 \\
129 \\
209 \\
\underline{338}
\end{array}
$$

Während diese Zahlen aufgeschrieben werden, steht der Zauberer abgewendet da. Sind alle notiert, dreht er sich um, zieht einen Strich unter die Spalte und schreibt sofort die Summe aller Zahlen darun-ter. Um die Summe zu erhalten, nimmt er einfach die vierte Zahl von unten und multipliziert diese im Kopf mit 11. In diesem Fall steht dort 80, die Antwort ist also 80 mal 11 gleich 880.

Der Trick wurde von Royal V. Heath in »The Jinx«, 1940, Nr. 91, veröffentlicht (vgl. auch die November-Ausgabe des Jahres 1947 von »American Mathematical Monthly«, in der A.L. Epstein das Kunststück als Teil eines allgemeineren Problems diskutiert).

Vorhersagekunststücke und Gedankenlesetricks mit Zahlen sind gewöhnlich austauschbar – d.h. ein Trick, der als Vorhersage dargeboten werden kann, kann ebenso als Gedankenlese-Effekt vorgeführt werden und umgekehrt. Weiß z.B. der Zauberer im voraus das Ergebnis einer Rechnung, von der der Zuschauer meint, der Vorführende könne es nicht kennen, so kann er dieses Wissen dadurch dramatisieren, daß er das Ergebnis im voraus auf ein Stück Papier schreibt. Damit hat er einen Vorhersagetrick. Er könnte aber auch vorgeben, des Zuschauers Gedanken zu lesen, nachdem dieser das Ergebnis errechnet hat. In diesem Fall ist es ein Gedankenlesekunststück. (Übrigens hat er drittens auch noch die Möglichkeit, den Eindruck zu erwecken, als erhalte er das Ergebnis durch eine Blitzrechnung.) Die meisten der folgenden Tricks eignen sich dementsprechend für beide Darbietungsformen, auch diejenigen, bei denen nicht noch einmal besonders darauf hingewiesen wird.

Vorhersage einer Zahl

Das vielleicht älteste Vorhersagekunststück besteht darin, daß jemand gebeten wird, sich eine Zahl auszudenken, einige Rechnungen nach Anweisung des Zauberers durchzuführen und dann das Endresultat zu nennen. Das Endergebnis stimmt mit einer zuvor vom Zauberer aufgeschriebenen Zahl überein.

Wir nennen ein einfaches Beispiel: Der Zuschauer wird gebeten, seine Zahl zu verdoppeln, 8 zu addieren, das Resultat durch 2 zu teilen und dann die ursprüngliche Zahl wieder abzuziehen. Das Ergebnis ist immer die Hälfte der Zahl, die addiert wurde. Wird – wie in diesem Fall – 8 addiert, so ist das Endergebnis 4. Wird der Zuschauer aufgefordert, 10 zu adddieren, so ist das Endergebnis 5.

Ein interessanterer Trick dieser Art beginnt damit, daß ein Zuschauer gebeten wird, sein Geburtsjahr aufzuschreiben und dazu die Jahreszahl eines wichtigen Ereignisses aus seinem Leben zu addieren; dazu muß er dann noch sein Alter addieren und die Anzahl der Jahre, die seit dem wichtigen Ereignis vergangen sind. Nur wenige Leute werden bemerken, daß die Summe aller dieser Zahlen immer das Doppelte des gerade vorhandenen Jahres ausmacht. Doch da dies so ist, sieht sich der Zauberer in der Lage, die Gesamtsumme vorherzusagen.

Curry's Version

Der Zauberer Paul Curry schlägt 1940 in seinem Buch »Something Borrowed, Something New« vor, den Trick folgendermaßen vorzuführen: Wenn der Zuschauer sein Geburtsjahr aufschreibt, gibt der Zauberer vor, die Zahl telepathisch von ihm bekommen zu haben, und schreibt diese auf ein eigenes Blatt Papier, ohne natürlich den Zuschauer sehen zu lassen, was er geschrieben hat. Sodann gibt er vor, die anderen drei Zahlen auf dieselbe Art zu erhalten. Natürlich schreibt der Zauberer irgendwelche beliebigen Zahlen auf. Während der Zuschauer seine vier Zahlen addiert und die Summe aufschreibt, tut der Zauberer scheinbar dasselbe und schreibt als seine Summe die Zahl auf, von der er ja sowieso weiß, daß sie herauskommen wird. Nun sagt der Zauberer dem Zuschauer, daß er nicht wolle, daß das Alter des Zuschauers bekannt werde (ist der Partner bei diesem Experiment eine Dame, so ist diese Rücksichtnahme noch angebrachter). Deshalb bittet der Zauberer ihn bzw. sie, alle vier Zahlen wieder durchzustreichen und nur das Ergebnis einsehbar zu lassen. Er selbst tut das gleiche. Jetzt werden die beiden Summen verglichen – sie sind identisch. Diese Form erweckt den Eindruck, als hätte der Zauberer irgendwie die vier Zahlen gewußt, obwohl das natürlich nicht stimmt. Dies ist eine sehr wirkungsvolle Art, einen Zahlentrick vorzuführen, bei dem das Ergebnis schon vorher bekannt ist.

Wenn der Zuschauer gebeten wird, sein Alter aufzuschreiben, so sollte er sicherheitshalber darauf hingewiesen werden, daß nur das Alter in Betracht kommt, das er am 31. Dezember des entsprechenden Jahres haben wird. Denn sonst kann es ja sein, daß sein Geburtstag erst noch kommt; dann ist das Ergebnis um 1 falsch.

Royal V. Heath schlägt in »Mathemagic« vor, daß der Zuschauer in seine Summe eine für den Trick an sich irrelevante Zahl, wie z. B. die Anzahl der Zuschauer im Saal, mit einbezieht. Da der Zauberer die Zahl jedoch ebenso kennt, muß er sie nur zum Doppelten der gerade gültigen Jahreszahl hinzuzählen und erhält so das Endresultat. Dadurch wird das Prinzip des Tricks noch weiter verborgen. Das ermöglicht auch, den Trick zu wiederholen. Denn wählt man jetzt eine andere irrelevante Zahl, z. B. das Datum, so erhält man ja auch eine ganz andere Summe.

Al Baker's Version

Eine andere interessante Handhabung dieser Tricks wurde von dem New Yorker Zauberer Al Baker vorgeschlagen. Zuerst bittet man einen Zuschauer, sein Geburtsjahr aufzuschreiben, ohne aber jemanden sehen zu lassen, was er schreibt. Durch Beobachtung seines Stifts kann man leicht die letzten zwei Ziffern dieses Datums erraten. Meistens wird man nur die letzte Ziffer brauchen, da es im allgemeinen möglich ist, das Alter auf zehn Jahre genau abzuschätzen. In diesem Augenblick wendet man sich ab und bittet ihn, zu seinem Geburtsjahr das Jahr eines wichtigen Ereignisses aus seinem Leben zu addieren. Dazu addiert er die Anzahl der Jahre, die seit diesem Ereignis vergangen sind. Da die letzten beiden Zahlen zusammen immer das laufende Jahr ergeben, braucht man nur die entsprechende Jahreszahl zum Geburtsjahr des Zuschauers zu addieren, um das Endergebnis zu erhalten. Geht man so vor, dann ist das Endergebnis natürlich jedesmal anders, wenn der Trick mit anderen Personen wiederholt wird. Al Baker erklärte diesen Trick 1923 in »Al Baker's Complete Manuscript«, einer schon damals sehr seltenen und hoch gehandelten Veröffentlichung. Meines Wissens ist dies das früheste Datum, zu dem das Prinzip dieses Tricks in einer Publikation erklärt wurde.

Eine ähnliche Trickart beschäftigt sich damit, daß ein Zuschauer gebeten wird, mit einer von ihm gedachten Zahl gewisse Rechenoperationen durchzuführen. Er nennt das Resultat, und der Zauberer kann darauf sofort die ursprüngliche Zahl nennen.

Tricks beider Typen findet man schon in den frühesten Abhandlungen über mathematische Unterhaltung. Sie lassen sich leicht ausdenken, aber es sind auch sehr viele schon überliefert. Der interessierte Leser findet repräsentative Beispiele in Ball's »Mathematical Recreations«, Kraitchik's »Mathematical Recreations« und Heath's »Mathemagic« (einer Sammlung unterhaltsamer Zahlentricks von Royal V. Heath). »Rainy Day Diversions«, das 1907 von Carolyn Wells veröffentlicht wurde, enthält einige exzellente Präsentationsideen für Zahlenkunststücke dieser Art.

Weissagung einer Zahl

Der bemerkenswerteste Trick dieser Art ist meines Wissens bisher nicht veröffentlicht worden. Er unterscheidet sich von anderen artverwandten durch die Tatsache, daß niemals während oder nach den zahlreichen Operationen mit der gedachten Zahl der Zuschauer sein Ergebnis dem Zauberer nennt. Trotzdem kann der Zauberer aus gewissen Anhaltspunkten während der Rechnung die Zahl erfahren.

Der Trick kann in die folgenden Schritte unterteilt werden:

1. Ein Zuschauer wird gebeten, sich eine Zahl zwischen 1 und 10 auszudenken.
2. Er soll sie mit 3 multiplizieren und
3. das Ergebnis durch 2 teilen.
4. Zu diesem Zeitpunkt muß der Zauberer erfahren, ob der Zuschauer einen Rest von ½ hat. Um diese Information zu bekommen, bittet er ihn, das Ergebnis noch einmal mit 3 zu multiplizieren. Wenn der Zuschauer das schnell und ohne Zögern macht, ist es ziemlich sicher, daß er keine Bruchzahl hatte. Wenn aber in seinem Ergebnis ein Bruch vorkommt, wird er zögern und verwirrt gucken. Er könnte sogar fragen: »Was soll ich mit dem Bruch machen?« Auf jeden Fall sagt der Zauberer, sobald er vermutet, der Zuschauer sei auf eine Bruchzahl gestoßen: »Ihre letzte Zahl hat einen Bruch, nicht wahr? Ich dachte es mir. Bitte entfernen Sie den Bruch, indem Sie die nächstgrößere ganze Zahl wählen. Haben Sie zum

Beispiel 10½ herausbekommen, so entfernen Sie den Bruch, indem Sie statt dessen 11 nehmen.«

Gab es hier eine Bruchzahl, so muß sich der Zauberer die Schlüsselzahl 1 merken, andernfalls merkt er sich nichts.

5. Hat der Zuschauer – wie nach den obigen Anweisungen – wieder mit 3 multipliziert, so wird er gebeten, noch einmal durch 2 zu teilen.

6. Wieder muß der Zauberer erfahren, ob ein Bruch herausgekommen ist. Zu diesem Zweck sagt er etwa: »Sie haben jetzt eine ganze Zahl als Ergebnis, oder etwa nicht? Sie haben also keinen Bruch?« Wenn der Zuschauer nickt, kann der Zauberer eher beiläufig bemerken: »Das dachte ich mir.« Stellt der Zauberer jedoch fest, daß er sich irrt, so sollte er einen Moment verwirrt gucken und dann den Zuschauer anweisen: »Wenn das so ist, dann befreien Sie sich am besten von dem Bruch, indem Sie wieder die nächsthöhere Zahl nehmen.«

Taucht an dieser Stelle ein Bruch auf, so merkt sich der Zauberer die Schlüsselzahl 2, andernfalls merkt er sich nichts.

7. Der Zuschauer soll nun zu seinem Ergebnis 2 addieren und

8. danach 11 subtrahieren. Die letzten beiden Schritte bedeuten natürlich nur, daß er 9 abziehen soll. Gibt man aber diese Anweisungen, so verbirgt man das Neuner-Prinzip.

9. Wenn nun der Zuschauer sagt, daß er 11 nicht subtrahieren kann, da seine letzte Zahl zu klein ist, kann der Zauberer ihm sofort die gedachte Zahl nennen, mit der er begonnen hatte. Denn: Hat sich der Zauberer nur die Schlüsselzahl 1 gemerkt, dann ist 1 die gedachte Zahl; hat er sich nur 2 als Schlüsselzahl gemerkt, so ist auch 2 die gedachte Zahl; hat er jedoch beide Schlüsselzahlen im Kopf, so addiert er sie und erhält die gedachte Zahl 3. Sollte der Zuschauer aber 11 subtrahieren können, so ist klar, daß die gedachte Zahl größer als 3 ist. Der Zauberer merkt sich 4 als Schlüsselzahl und fährt also fort.

10. Wieder wird der Zuschauer gebeten, 2 zu addieren und

11. danach 11 zu subtrahieren. Kann er 11 nicht subtrahieren, dann ergibt die Summe der gemerkten Schlüsselzahlen das Ergebnis.

Sagt er beim Subtrahieren nichts, so addiert der Zauberer die Schlüsselzahlen und fügt 4 hinzu. Das ergibt die Antwort.

Der Trick scheint unerhört kompliziert zu sein. Bei näherem Hinsehen wird man aber bald mit dem Verfahren vertraut. Natürlich ist die Subtraktion von 9 beliebig zu verkleiden. Statt 2 zu addieren und dann 11 zu subtrahieren, kann man auch 5 addieren und 14 subtrahieren lassen oder dasselbe mit 1 und 10 durchführen.

Nach mehrmaliger Vorführung merkt man, wie die Anweisungen vorzubringen sind, damit der Zuschauer nichts davon merkt, daß er Informationen über seine gedachte Zahl preisgibt. Nach einer Reihe scheinbar sinnloser Operationen, bei denen er nichts über seine Ergebnisse sagt, ist das Erstaunen groß, wenn er vom Zauberer seine gedachte Zahl genannt bekommt.

Mir wurde dieser Trick von dem New Yorker Amateurzauberer Edmund Balducci erklärt. Dieser wiederum hat ihn von einem inzwischen verstorbenen Kollegen erfahren; der Urheber ist also nicht bekannt. Dieses Kabinettstückchen kombiniert Elemente aus zwei älteren Tricks, die man in dem Kapitel über »Zahlenzauber« in »The Magician's Own Book« aus der Mitte des vorigen Jahrhunderts findet.

Die Geheimnisse der 9

Die Zahl 9 ist der Schlüssel für den oben beschriebenen Trick. Drehen Sie beispielsweise eine dreiziffrige Zahl (deren 1. und 3. Ziffern nicht gleich sein dürfen) um und subtrahieren Sie die so entstandene kleinere von der größeren, so hat das Ergebnis immer eine 9 in der Mitte, und die Summe der beiden äußeren Ziffern ist ebenfalls 9. Das bedeutet: Wenn man nur die erste oder letzte Ziffer der Antwort weiß, kann man schon die gesamte Zahl nennen. Wird die Antwort umgedreht und werden diese beiden Zahlen dann addiert, so erhält man natürlich immer 1089. Ein populärer Zahlentrick besteht darin, daß zuerst 1089 auf ein Blatt Papier geschrieben und dieses verdeckt auf den Tisch gelegt wird. Hat der Zuschauer die obigen Operationen durchgeführt und nennt 1089 als Endsumme, so zeigt der Zauberer seine Vorhersage, indem er das Blatt verkehrt herum hoch hält. Es zeigt 6801, was natürlich nicht die korrekte Antwort ist. Er guckt einen Augenblick verdutzt und entschuldigt sich dann dafür, das Blatt verkehrt herum gehalten zu haben. Er dreht es um und präsentiert die richtige Summe. Erst solch kleines Beiwerk gibt einer Präsentation den rechten Unterhaltungswert.

1922 schlug T. O'Connar Sloane in seinem Buch »Rapid Arithmetic« vor, den Trick mit Dollar- und Centstücken vorzuführen. Jemand aus dem Publikum legt eine Geldsumme zwischen 1 und 10 Dollar hin; erste und letzte Zahl dürfen nicht gleich sein. Wird der Trick dann wie beschrieben durchgeführt, so ergibt sich immer eine Summe von 10,89 Dollar. (Natürlich kann man diesen Trick mit jeder anderen Währung demonstrieren.)

Digitalwurzeln

Werden alle Ziffern einer vorgegebenen Zahl addiert, dann die Ziffern der Quersumme wieder addiert und so fort, bis nur noch eine einzige Ziffer übrigbleibt, so heißt diese Ziffer die Digitalwurzel der Originalzahl. Am schnellsten erhält man die Digitalwurzeln durch einen Prozeß, den man »Neuner-Rausschmeißen« nennen könnte. Man sucht beispielsweise die Digitalwurzel von 87 345 691. Zu diesem Zweck addiert man zunächst die Ziffern 8 und 7 und erhält 15; 5 plus 1 ergibt 6. Dies ist dasselbe wie 9 von 15 zu subtrahieren bzw. die 9 aus 15 »herauszuwerfen«. Jetzt wird 6 zur nächsten Ziffer der Originalzahl (hier die 3) addiert, das ergibt 9. 9 plus 4 ist 13, was sofort auf die Quersumme 4 reduzierbar ist. So wird fortgefahren, bis das Ende der Originalzahl erreicht ist. Auf diese Art erhält man das Ergebnis 7, die digitale Wurzel der Gesamtzahl.

Eine große Anzahl von Tricks beruht auf Rechenoperationen, deren Ergebnis scheinbar Zufall ist, die aber in Wirklichkeit bei einer Zahl mit der digitalen Wurzel 9 enden. Ist das der Fall, dann kann der Zauberer den Zuschauer bitten, eine zufällige Ziffer dieser Zahl (außer 0) anzukreuzen und dann die restlichen Ziffern in beliebiger Reihenfolge zu nennen. Danach kann der Künstler die angekreuzte Ziffer nennen. Zu diesem Zweck addiert er einfach die genannten Ziffern, zieht während der Rechnung jeweils die 9 ab und kennt, wenn die letzte Ziffer genannt ist, die digitale Wurzel der Gesamtzahl (ohne die angekreuzte verschwiegene Ziffer). Ist es 9, so war die 9 angekreuzt. Andernfalls subtrahiert er die gefundene Wurzel von 9 und erhält so die angekreuzte Ziffer.

Hier sind einige Operationen angegeben, die in einer Zahl mit der digitalen Wurzel 9 enden.

1. Eine beliebig große Zahl wird aufgeschrieben; anschließend werden ihre Ziffern völlig zufällig vertauscht und ebenfalls aufgeschrieben. Jetzt wird die kleinere von der größeren Zahl subtrahiert.

2. Eine beliebige Zahl wird aufgeschrieben, ihre Ziffern werden addiert und diese so gefundene Quersumme von der Originalzahl subtrahiert.

3. Die Quersumme einer beliebigen Zahl wird gebildet und mit 8 multipliziert. Dieses Produkt wird zur Originalzahl addiert.

4. Eine beliebige Zahl wird mit 9 oder einem Vielfachen von 9 multipliziert. (Alle Vielfachen von 9 haben 9 als digitale Wurzel. Umgekehrt sind alle Zahlen mit der digitalen Wurzel 9 Vielfache von 9.)

5. Aus einer beliebigen Zahl werden zwei neue Zahlen gebildet, indem die Ziffern der ersten umgeordnet werden. Diese beiden Zahlen werden nun zur ersten Zahl addiert und das Ergebnis quadriert.

Sollte man die Methode noch weiter verdunkeln wollen, kann man weitere Zahlen und Operationen einführen, bevor man den Zuschauer den wesentlichen Schritt tun läßt. So kann man ihn das Wechselgeld in seiner Tasche zählen und dies mit der Anzahl der Personen im Raum multiplizieren lassen. Dazu kann er das Jahr eines wichtigen Ereignisses in seinem Leben addieren. Die Summe wird jetzt mit 9 multipliziert. Natürlich ist der letzte Schritt der einzige, auf den es ankommt. Da als Ergebnis eine Zahl mit der digitalen Wurzel 9 herauskommt, kann der Zauberer den Zuschauer eine Ziffer ankreuzen lassen und wie oben beschrieben fortfahren.

Eine hartnäckige Wurzel

Aus einer beliebigen Zahl mit der digitalen Wurzel 9 bildet man durch Umordnung der Ziffern so viele neue Zahlen, wie man wünscht. Wenn all diese Zahlen addiert werden, so hat die Summe auch die digitale Wurzel 9. Ähnlich kann eine Zahl mit der digitalen Wurzel 9 mit jeder anderen Zahl multipliziert werden, das Ergebnis hat wieder die digitale Wurzel 9.

Auf dieser Beständigkeit können viele Tricks aufgebaut werden. Findet man beispielsweise einen Geldschein, dessen Nummer die digitale Wurzel 9 ergibt, so sollte man ihn aufbewahren und bei sich tragen, bis man den folgenden Trick vorführen will: Ein Zuschauer wird gebeten, eine Reihe von Zufallsziffern aufzuschreiben. Dann zieht der Zauberer, als wäre es ihm eben erst eingefallen, die Geldnote aus der Tasche und schlägt ihm vor, doch statt dessen die Seriennummer zu nehmen – wie er erklärt, ein üblicher Weg, um Zufallszahlen zu erhalten. Der Zuschauer ordnet dann die Ziffern um und erhält neue Zahlen, die er addiert, ohne den Zauberer das Ergebnis sehen zu lassen. Die Antwort multipliziert er mit einer beliebigen Zahl, und schließlich kreuzt er im Ergebnis eine Ziffer an. Wenn er jetzt die restlichen Ziffern angibt, kann der Zauberer natürlich die angekreuzte Zahl nennen.

Eine andere, neue Methode besteht darin, daß man mit den Zahlen des vollständigen Datums beginnt, an dem der Trick vorgeführt wird. Bei der Jahreszahl hat man die Wahl, ob man nur die letzten beiden Ziffern oder die gesamte Zahl nehmen möchte. Die richtige Wahl vorausgesetzt, kann man bei durchschnittlich 2 von je 9 Tagen eine Zahlenreihe mit der digitalen Wurzel 9 erhalten. An diesen Tagen sollte man den Trick so vorführen: Ist es der 29. März 1958, so läßt man einen Zuschauer dieses Datum als 29–3–58 aufschreiben. Da diese Zahl die Digitalwurzel 9 hat, kann man wie bei dem obigen Geldscheintrick fortfahren. Oder man wählt ein anderes Verfahren, bei dem die digitale Wurzel nicht verändert wird.

Das Alter erraten

Eine interessante Methode, das Alter eines Zuschauers zu erfahren, besteht darin, ihn um die Durchführung von Rechenoperationen zu bitten, die bei einer Zahl mit der Digitalwurzel 9 enden. Man bittet ihn, zu dieser Zahl sein Alter zu addieren und die Summe zu nennen. Daraus ist dann sein Alter leicht bestimmbar. Zuerst berechnet man die digitale Wurzel der Summe. Zu dieser addiert man so oft die 9 hinzu, bis man eine Zahl erhält, die wahrscheinlich seinem Alter am nächsten kommt. Es ist sein Alter.

Ein Beispiel zur Verdeutlichung: Ein Zuschauer ist gebeten worden, eine Zahl zu wählen und diese mit 9 zu multiplizieren. Sein Ergebnis ist die Zahl 2826. Dazu addiert er noch sein Alter von 40 Jahren und nennt also die Zahl 2866. Diese Zahl hat die Digitalwurzel 4. Durch Addition von 9en erhalten Sie die Reihe 13, 22, 31, 40, 49 usw. Da es nicht schwer ist, das Alter auf neun Jahre genau abzuschätzen, tippt man auf 40 Jahre als richtige Antwort. Wirtschaftsprüfer überprüfen oft Additionen und Multiplikationen anhand von Digitalwurzeln. So lassen sich beispielsweise Additionen dadurch überprüfen, daß die Digitalwurzel aller Ziffern in den Zahlen gebildet und diese dann mit der Wurzel der Summe verglichen wird. Ist die Antwort richtig, müssen die beiden Wurzeln übereinstimmen. Diese Tatsache ist grundlegend für den folgenden Trick.

Ein Additionstrick

Ein Zuschauer bekommt eine Additionsaufgabe gestellt und schreibt eine Reihe großer Zahlen untereinander. Mit etwas Übung sollte der Zauberer in der Lage sein, die Digitalwurzel fast so schnell zu ziehen, wie der Zuschauer die Zahlen aufschreibt. Der Zauberer kennt dann schon die Digitalwurzel des Ergebnisses, wenn gerade die Aufgabe niedergeschrieben ist. Er dreht sich um, während die Zahlen addiert werden. Wenn der Zuschauer dann im Ergebnis eine Ziffer (außer 0) ankreuzt und dem Zauberer die restlichen nennt, kann dieser sofort die angekreuzte angeben, und zwar dadurch, daß er deren Digitalwurzel von der abzieht, die er vorher errechnet hatte. Ist die zweite Zahl größer als die erste, so muß man vor der Subtraktion 9 zu der ersten addieren. Sind beide Zahlen identisch, so war natürlich 9 angekreuzt.

Ein Multiplikationstrick

Ein ähnliches Kunststück kann mit einer Multiplikationsaufgabe verknüpft werden. Dabei wird die Tatsache ausgenutzt, daß die Digitalwurzel aus dem Produkt zweier Digitalwurzeln der Digitalwurzel aus dem Produkt der ursprünglichen Zahl entspricht. So kann man also einen Zuschauer bitten, eine ziemlich große – z.B. fünf- oder sechsstellige – Zahl aufzuschreiben und darunter eine andere zu notieren. Während er dies noch tut, bildet man die Digitalwurzeln der beiden Zahlen, multipliziert sie und reduziert das Ergebnis zu einer Wurzel.

Dann dreht man sich um. Der Zuschauer multipliziert unterdessen die beiden großen Zahlen. Sodann wird er gebeten, eine Ziffer (außer 0) im Ergebnis anzukreuzen und danach die restlichen Ziffern in beliebiger Ordnung zu nennen. Wie vorher ergibt sich die angekreuzte Ziffer durch Subtraktion der Digitalwurzel aus den genannten Ziffern von der im Kopf errechneten. Wie vorher muß man auch hier zur ersten Zahl 9 addieren, wenn die zweite größer ist.

Die Geheimnisse der 7

Die beiden letzten Tricks werden von dem älteren Sam Loyd in einem interessanten Kurzartikel in »Woman's Home Companion« im November 1904 diskutiert. Loyd betont richtig, daß alle die sogenannten »geheimnisvollen Eigenschaften« der 9 nur in der einfachen Tatsache begründet sind, daß sie die letzte Ziffer in unserem Dezimal-System ist. Hätten wir ein Zahlensystem, daß auf der 8 statt auf der 10 beruhte, so hätte die Zahl 7 dieselben merkwürdigen Eigenschaften. Man kann das leicht verifizieren.

Dazu sollte man zuerst die Zahlen von 1 bis 20 in einem Achter-System und daneben in unserem Dezimal-System aufschreiben:

Achter-System	Dezimal-System
1	1
2	2
3	3
4	4
5	5
6	6
7	7
10	8
11	9
12	10
13	11
14	12
15	13
16	14
17	15
20	16

Nun nimmt man im Achter-System die Zahl 341 und subtrahiert davon die »umgedrehte« Zahl 143. Zunächst zieht man 3 von 11 ab. In unserem Dezimal-System hieße das: Man zieht 3 von 9 ab; die Antwort ist 6. 6 ist in beiden Systemen dasselbe Symbol, also ist 6 die letzte Ziffer der Antwort. Fährt man so fort, erhält man als volständiges Ergebnis die Zahl 176 (341 minus 143): In der Mitte steht eine 7 und auch die beiden Seitenzahlen zusammen ergeben 7. Das ist genau dasselbe Phänomen, das in der Dezimal-Version dieses Tricks – wie oben beschrieben – auftrat, nur daß diesmal 7 die Schlüsselzahl ist und nicht mehr die 9. Ähnliche Tests lassen sich mit all den anderen Tricks durchführen, die auf den Eigenschaften der 9 im Dezimal-System beruhen.

Man wird feststellen, daß es in dem anderen System analoge Formen gibt, mit 7 als der »geheimnisvollen« Zahl. Würde man das passende Zahlensystem wählen, könnte man diese magischen Eigenschaften auf jede andere Zahl übertragen. Daran ist zu erkennen, daß dies keine Eigenschaften sind, die der Ziffer 9 an sich innewohnen, sondern nur von der Tatsache herrühren, daß sie die letzte Ziffer im Dezimal-System ist.

Es ist ein allgemeiner Fehler, daß man einer Zahl selbst Eigenschaften zuspricht, die sie nur aufgrund ihrer Stellung im Zahlensystem hat. So wurde gelegentlich vermutet, daß aus irgendeinem obskuren Grund die Zahl 7 mit geringerer durchschnittlicher Häufigkeit in der endlosen Dezimalzahl pi vorkommen. »Es gibt nur eine Zahl, die so ungerecht behandelt wird, daß es unmöglich Zufall sein kann«, schreibt Augustus De Morgan in seinem »Budget of Paradoxes«, »und zwar ist es die geheimnisvolle Zahl *Sieben*!« De Morgan meinte das natürlich nicht ernst; er wußte genau, daß die Ziffern der Zahl pi in einem anderen Zahlensystem völlig anders lauten würden. Tatsächlich hat es sich inzwischen herausgestellt, daß auch in der Zahl pi des Dezimal-Systems die scheinbar geringste Häufigkeit der 7 auf Fehlern in den frühen Berechnungen von William Shanks beruht. Nach 15 Jahren mühsamer Arbeit gab Shanks 1873 die Zahl pi auf 707 ungenaue Stellen hinter dem Komma an (sein Fehler in der 528. Stelle machte alle folgenden Ziffern falsch). 1949 berechnete der Computer ENIAC an einem Wochenende, als nichts Wichtigeres zu tun war, die Zahl pi auf mehr als 2000 Stellen. Es fanden sich keine geheimnisvollen Abweichungen in der Häufigkeit, mit der einzelne Ziffern auftauchten (vgl. dazu N.T. Gridgeman's amüsanten Artikel »Circumetrics« im Juli 1953 in »The Scientific Monthly«).

Vorhersagen einer Summe

Ist es möglich, im voraus das Ergebis einer Additionsaufgabe zu kennen, wenn alle Zahlen willkürlich vom Publikum genannt werden? Zauberer haben viele geniale Lösungen dieses Problems ausgearbeitet, auf die hier nicht eingegangen werden kann, da man dazu Eingeweihte, Handfertigkeit, präparierte Tafeln und andere Formen nicht-mathematischer Irreführung benötigt.

Wenn jedoch der Zauberer abwechselnd mit einem Zuschauer Zahlen für eine Additionsaufgabe aussucht, dann kann er die Summe auf eine gewünschte Zahl bringen, ohne auf andere als rein mathematische Hilfsmittel zurückgreifen zu müssen. Eine alte, einfache Methode geht folgendermaßen: Angenommen, man wolle die Zahl

23 843 als Ergebnis haben. Dazu nimmt man zunächst die erste Ziffer, die 2, weg und addiert sie zur Restzahl. Es ergibt sich 3845. Das ist die erste Zahl, die man aufschreibt.

Jetzt wird ein Zuschauer gebeten, eine vierstellige Zahl darunter zu schreiben:

3845

1528

Darunter schreibt man selbst wiederum eine scheinbar beliebige vierstellige Zahl; doch handelt es sich in Wirklichkeit um die Differenz jeder Ziffer der Zuschauerzahl zu 9:

3845

1528

8471

Der Zuschauer wird gebeten, eine andere vierstellige Zahl darunter zu schreiben. Darunter schreibt der Zauberer eine fünfte Zahl, die genau wie oben errechnet wird:

Zauberer-Zahl	3845	
Zuschauer-Zahl	1528	} jeweils zwei Ziffern
Zauberer-Zahl	8471	addiert ergibt 9
Zuschauer-Zahl	2911	} jeweils zwei Ziffern
Zauberer-Zahl	7088	addiert ergibt 9

Werden diese fünf Zahlen addiert, so ist die Summe exakt 23 843.

In dem gerade vorgeführten Beispiel ist die erste Ziffer der vorhergesagten Summe eine 2. Das bedeutet: Es müssen zwei Zahlenpaare, deren Ziffern sich zu 9 addieren, genommen werden, man muß also insgesamt fünf Zahlen addieren. Ist die erste Ziffer der gewünschten Zahl eine 3, so müssen drei Zahlenpaare, deren Ziffern sich zu 9 addieren, aufgerechnet werden. So geht es weiter mit größeren Zahlen. In allen Fällen erhält man die erste aufgeschriebene Zahl dadurch, daß die erste Ziffer der gewünschten Endsumme weggenommen und zu dem Rest hinzugezählt wird. Das Prinzip läßt sich auf Zahlen beliebiger Größen anwenden, wenn nur alle Summanden dieselbe Stellenzahl haben.

Es gibt viele Varianten dieses Tricks. So kann man beispielsweise auch den Zuschauer bitten, die erste Zahl aufzuschreiben und schreibt dann die Zahl darunter, deren Ziffern mit denen der ersten jeweils 9 ergeben. Der Zuschauer schreibt eine dritte Zahl auf, der Zauberer eine vierte unter Benutzung des Neuner-Prinzips. Der Zuschauer schreibt eine fünfte und letzte Zahl auf. Der Zauberer zieht einen Strich darunter und schreibt sofort das Ergebnis hin. Er kann sich auch umdrehen, während der Zuschauer die Zahlen addiert, und diesem dann das Ergebnis nennen, ohne es gesehen zu haben. Das Ergebnis erhält man natürlich, indem man von der letzten Ziffer 2 abzieht und diese 2 vor die Differenz setzt.

Man kann auch eine viel größere Additionsaufgabe stellen. So können z. B. Zauberer und Zuschauer sechs Zahlenpaare aufschreiben, die sich paarweise zu 99 . . . . addieren. Der Zuschauer schreibt eine letzte Zahl dazu, so daß sich insgesamt 13 Zahlen ergeben. Das Ergebnis erhält man, indem man von der letzten Zahl 6 subtrahiert und diese 6 vor die Differenz stellt. Wenn die Summe erst nach z. B. 28 Zahlenpaaren gebildet wird, muß man eben von der letzten Zahl, die der Zuschauer schreibt, 28 abziehen und vor die Differenz setzen. Das Prinzip ist immer das gleiche.

Eine weitere Variante des Tricks besteht darin, daß man den Zuschauer selbst die Vorhersage aufschreiben läßt. Angenommen, er schriebe 538. Man nimmt die 5 weg, addiert sie zu dem Rest und erhält 43. Das ist die erste Zahl, die aufgeschrieben wird. Jetzt kann man abwechselnd mit dem Zuschauer Paare zweistelliger Zahlen aufschreiben (unter Verwendung des Neuner-Prinzips), bis fünf solcher Paare unter der ersten Zahl stehen:

$$
\begin{array}{r}
43 \\
\left.\begin{array}{r} 24 \\ 75 \end{array}\right\} 1 \\
\left.\begin{array}{r} 61 \\ 38 \end{array}\right\} 2 \\
\left.\begin{array}{r} 22 \\ 77 \end{array}\right\} 3 \\
\left.\begin{array}{r} 19 \\ 80 \end{array}\right\} 4 \\
\left.\begin{array}{r} 32 \\ 67 \end{array}\right\} 5 \\
\hline 538
\end{array}
$$

Die Antwort ist natürlich die vom Zuschauer vorhergesagte Zahl.

Al Baker's »Numero«

Der amerikanische Zauberer Al Baker hat eine amüsante Darbie-
tungsform dieses Tricks ausgearbeitet und sie unter dem Namen
»Numero« im Juli 1936 in »The Jinx« veröffentlicht. In Baker's
Version wird die vorhergesagte Zahl, nachdem sie als Ergebnis der
Rechenaufgabe nachgewiesen worden ist, in den Vornamen des
Zuschauers überführt. Dabei wird die folgende Verschlüsselung des
Alphabets benutzt:

A — 1		K — 1		U — 1	
B — 2		L — 2		V — 2	
C — 3		M — 3		W — 3	
D — 4		N — 4		X — 4	
E — 5		O — 5		Y — 5	
F — 6		P — 6		Z — 6	
G — 7		Q — 7			
H — 8		R — 8			
I — 9		S — 9			
J — 0		T — 0			

Angenommen, der Zuschauer hat den Vornamen Harry. Bevor der
Trick vorgeführt wird, sucht man den Code für Harry – nämlich
81 885 –, setzt eine 2 davor und erhält 281 885. Dies ist die
Vorhersage, die auf ein Stück Papier geschrieben und beiseite gelegt
wird, um später wieder hervorgeholt zu werden.

Die Summanden bestehen also aus fünf Ziffern. Als erstes schreibt
man die Zahl 81 887. Sie ergibt sich aus der Addition 81 885 plus 2.
Harry schreibt eine fünfziffrige Zahl darunter; man folgt mit einer
dritten Zahl, für die man das Neuner-Prinzip anwendet. Er schreibt
die vierte, man selbst die fünfte, wobei wieder das Neuner-Prinzip
gebraucht wird. Addiert er die fünf Zahlen, so bekommt er natürlich
als Summe die vorhergesagte Zahl.

Der Trick ist offensichtlich schon vorbei, da kommt erst der
amüsante Gag. Die erste Ziffer der Antwort wird gestrichen und
übrig bleibt 81 885. Man schreibt das obige Zahlenalphabet hin und
kreuzt die Buchstaben von »Harry« an. Und so zeigt es sich dann,
daß diese zusammengesetzt der Zahl 81 885 entsprechen. Auf diese
Art ist auch jedes andere Wort und jeder Spruch herauszubekom-

men. Es ist natürlich nicht besonders schön, die 2 am Anfang der Antwort wegstreichen zu müssen, aber nötig, wenn man die Anzahl der Summanden auf fünf begrenzen will.

Zahlen-Psychologie

Eine ganz andere Art von Zahlenkunststücken, die eine Vorhersage (oder Gedankenlesen) beinhalten, beruhen auf etwas, das Zauberer »psychologisches Forcieren« nennen. Es klappt nicht jedesmal, aber aus merkwürdigen psychologischen Gründen ist die Erfolgsquote höher, als man erwarten würde. Ein einfaches Beispiel ist die Tendenz der meisten Menschen, 7 zu nennen, wenn sie nach einer Zahl zwischen 1 und 10 gefragt werden, oder 3, wenn die Zahl zwischen 1 und 5 liegen soll.

Ein merkwürdiger psychischer Effekt, dessen Erfinder mir nicht bekannt ist, läuft folgendermaßen ab: Man schreibt die Zahl 37 auf ein Stückchen Papier und legt es verdeckt zur Seite. Sodann sagt man zu einem Zuschauer: »Ich bitte Sie, mir eine zweistellige Zahl zwischen 1 und 50 zu nennen. Beide Ziffern müssen *ungerade* und *ungleich* sein. Sie dürfen beispielsweise nicht 11 nennen.« Merkwürdigerweise sind die Aussichten gut, daß er 37 sagt (die nächstwahrscheinlichste Zahl scheint 35 zu sein). Natürlich ist seine Wahl auf acht Zahlen begrenzt. Durch die Nennung der Zahl 11 werden seine Gedanken auf die Dreißiger gelenkt, wovon offensichtlich die 37 am häufigsten gewählt wird.

Hat man mit diesem Trick Erfolg gehabt, sollte man es gleich noch einmal versuchen und jemanden bitten, eine zweiziffrige Zahl zwischen 50 und 100 zu nennen, deren Ziffern beide *gerade*, aber – wie oben – *ungleich* sein müssen. Hier ist die Wahl des Zuschauers auf sechs Zahlen begrenzt, wovon 68 am häufigsten gewählt zu werden scheint. Sind Spielkarten zur Hand, so kann die Vorhersage des Ergebnisses auch so gestaltet werden, daß man eine 6 und eine 8 aus dem Spiel zieht und verdeckt auf den Tisch legt. Das erhöht die Erfolgsaussichten, da man zwei mögliche Antworten, 68 und 86, vorzeigen kann, je nachdem, welche Karte zuerst aufgedeckt wird.